DANIEL BASTIAN

— Die Blattjagd

ERFOLGREICH LOCKEN –
WIE, WANN UND WO

KOSMOS

Dieses Buch widme ich meiner
Partnerin Katharina –
meiner stillen Stärke im Hintergrund.

☞ *Inhalt*

DAS KOSTENLOSE EXTRA: DIE KOSMOS-PLUS-APP FÜR DIGITALE ZUSATZINHALTE

Dieses Buch bietet Ihnen weitere digitale Inhalte, die im Buch durch dieses Symbol 300 gekennzeichnet sind.

Und so geht's

1. Besuchen Sie den App Store oder Google Play.
2. Laden Sie die kostenlose App „KOSMOS-PLUS" auf Ihr Mobilgerät.
3. Wählen Sie in der App Ihr Buch aus.
4. Schalten Sie die Inhalte mit folgendem Code frei: Blatter
5. Laden Sie sich die Inhalte zum Buch „Praxishandbuch Blattjagd" herunter.
6. Auf den Seiten mit dem Symbol 300 können Sie Zusatzmaterial zum Thema ansehen. Dazu geben Sie den dort genannten Zahlen-Code indie App ein oder suchen in der Medienliste den entsprechenden Inhalt.

Mehr Informationen finden Sie unter plus.kosmos.de

Mehr entdecken, mehr verstehen

DAS KOSMOS VERSPRECHEN

Expertenwissen seit 1822

Welches Thema dich auch begeistert – auf unsere Expertise kannst du dich verlassen. Und das schon seit über 200 Jahren.

Unser Anspruch ist es, dich mit wertvollem Rat zu begleiten, dich zu inspirieren und deinen Horizont zu erweitern.

BEGEISTERUNG DURCH KOMPETENZ

Unsere Autorinnen und Autoren vereinen professionelles Know-how mit großer Leidenschaft für ihre Themen.

WISSEN, DAS DICH WEITERBRINGT

Leicht verständlich, lebensnah und informativ für dich auf den Punkt gebracht.

SACHVERSTAND, DEN MAN SEHEN KANN

Mit aussagestarken Fotos, Zeichnungen und Grafiken werden Inhalte besonders anschaulich aufbereitet.

QUALITÄT FÜR HEUTE UND MORGEN

Dafür sorgen langlebige Verarbeitung und ressourcenschonende Produktion.

Du hast noch Fragen oder Anregungen?
Dann schreibe uns: kosmos.de/servicecenter

VORWORT

Über die Blattjagd ist bereits vieles geschrieben worden. Unzählige Artikel, Vorträge und Bücher drehen sich inhaltlich um die Kunst der Lockjagd auf den Rehbock, die richtige Lautfolge und das Verhalten des Rehwildes zur Brunftzeit. Die wesentlichen Grundlagen sind bekannt, das Rad muss deshalb nicht neu erfunden werden. Ich schreibe dieses Buch nicht, um theoretisches Wissen zu wiederholen oder jagdliche Traditionen zu glorifizieren. Mein Anliegen ist ein anderes: Ich möchte mit diesem Buch einen modernen, klar strukturierten Praxisratgeber vorlegen, für Jägerinnen und Jäger, die sich gezielt auf die Blattjagd vorbereiten wollen. Dieses Buch soll nicht belehren, sondern begleiten. Es soll Sicherheit geben, Orientierung bieten und aufzeigen, wie man mit handwerklichem Können, guter Vorbereitung und der richtigen Strategie zum jagdlichen Erfolg kommt.

Die Jagd hat sich verändert. Nicht in ihrem Kern, wohl aber in ihrer Ausübung. Junge Jäger stehen heute vor neuen Herausforderungen: Reviere werden intensiver genutzt, die jagdliche Ausbildung in Kurzform lässt einen Einblick in die Praxis oft nicht zu, die Erwartungen an Effizienz steigen. Gleichzeitig wächst das Bedürfnis nach echter Praxisanleitung – kompakt, verständlich, fundiert. Genau das möchte ich mit diesem Buch leisten. Es geht darum, eine Brücke zu schlagen zwischen bewährtem Wissen und modernen Anforderungen. Ich möchte zeigen, wie man sich optimal auf die Blattjagd vorbereitet, welche Ausrüstung wirklich sinnvoll ist und worauf es bei Standortwahl und Locktechnik ankommt. Dabei stehen klare Strukturen, nachvollziehbare Empfehlungen und praxiserprobte Inhalte im Vordergrund.

Dieses Buch soll zur Orientierung dienen. Kein überladenes Kompendium, sondern ein moderner Praxisratgeber, der Lust auf Jagd macht, Sicherheit im Vorgehen gibt, eine gute Grundlage schafft und dazu motiviert, es einfach zu versuchen. Es soll dazu beitragen, in die Faszination der Blattjagd einzutauchen. Wenn es dazu beiträgt, hat es seinen Zweck erfüllt.

Mit Waidmannsheil

Revierjagdmeister Daniel M. Bastian

Mit der Rehwildbrunft beginnt für viele Jägerinnen und Jäger eine der spannendsten Phasen im Revier.

Autor Daniel Bastian mit seinem Deutsch-Drahthaar-Rüden Asko.

TRADITION & FASZINATION

DIE FASZINATION DER BLATTJAGD

Kaum eine andere Jagdart verbindet jagdliches Handwerk, fundiertes Wissen über Wildbiologie und unmittelbare Nähe zum Wild so eindrucksvoll wie die Blattjagd.

Sie lebt vom direkten Austausch zwischen Jäger und Rehbock, einem seltenen Moment, in dem der Jäger nicht nur Beobachter ist, sondern aktiv ins Geschehen eingreift und dessen Verlauf entscheidend mitgestaltet. Der besondere Reiz dieser Jagdform liegt darin, gezielt die Instinkte des Bockes anzusprechen. Mit den Lauten brunftiger oder getriebener Ricken sowie dem Fiepen eines Kitzes simuliert der Jäger Situationen, die tief im natürlichen Verhaltensmuster des Rehwildes verankert sind. In diesen Momenten entscheidet sich in der Regel binnen weniger Sekunden, ob der Bock zusteht oder ob er misstrauisch abspringt. Es sind intensive Augenblicke, die höchste Konzentration erfordern und keinen Platz für Hektik oder Unachtsamkeit aufseiten des Jägers lassen.

Reagiert der Rehbock auf das Blatten des Jägers, wechselt er häufig in hoher Geschwindigkeit an.

ALLES KANN PASSIEREN

Ein wesentliches Merkmal der Blattjagd ist ihre Unberechenbarkeit. Selbst ein erfahrener Jäger, der sein Revier seit Jahrzehnten kennt, kann nie mit völliger Sicherheit vorhersagen, wie ein Bock reagieren wird. Manchmal erscheint er vorsichtig, sichert lange und tritt zögerlich aus der Deckung. Ein anderes Mal prescht er nahezu lautlos durch den Bestand und steht plötzlich wenige Meter vor dem Jäger, so überraschend, dass selbst der geübte Jäger einen Moment innehalten muss. Jede Begegnung ist einzigartig, jeder Ansitz ein neuer Versuch, dessen Ausgang bis zuletzt offenbleibt.
Diese Unwägbarkeit macht den besonderen Reiz der Blattjagd aus. Sie belohnt vor allem den, der gründlich vorbereitet ist. Wer die Einstände kennt, das Verhalten des Rehwildes deuten kann und Standort sowie Tageszeit mit Bedacht wählt, steigert seine Erfolgschancen erheblich. Regelmäßiger Jagderfolg ist in der Blattzeit selten eine Frage des Zufalls, sondern meist das Ergebnis von Erfahrung, Wissen und einem disziplinierten Vorgehen.
Dabei sollte man jedoch nicht vergessen, dass selbst die beste Locktechnik und sorgfältigste Standortwahl wenig bewirken, wenn die grundlegenden Voraussetzungen im Revier nicht stimmen. Eine dieser Voraussetzungen ist ein ausgewogenes Geschlechterverhältnis. In Revieren, in denen Böcke von zahlreichen Ricken und Schmalrehen umgeben sind, fehlt oft der Anreiz, auf einen vom Jäger imitierten Fieplaut zu reagieren. Ein Platzbock, der in seinem Territorium bereits mehrere paarungsbereite Ricken hat, verspürt keinen Drang, einem unbekannten Ruf zu folgen. In der Praxis bedeutet das: Man blattet, wartet und es passiert nichts.
Deshalb beginnt die Vorbereitung auf eine erfolgreiche Blattjagd nicht erst mit dem Aufstellen des Tarnschirms Mitte Juli, sondern bereits viele Monate vorher. Eine konsequente und waidgerechte Bejagung des weiblichen Rehwildes ist dabei unverzichtbar. Wer das Verhältnis zwischen Böcken und Ricken annähernd ins Gleichgewicht bringt, sorgt dafür, dass die Brunft im Revier konzentrierter abläuft und die Böcke eher bereit sind, auf das Blatten zu reagieren.
Diese jagdliche Weitsicht erfordert Geduld und Disziplin, zeigt ihre Wirkung jedoch verlässlich in der Qualität der Blattjagderlebnisse.

Damit die Blattjagd erfolgreich verläuft, muss der Jäger im Vorfeld einige Arbeiten erledigen.

Macht der Jäger im Vorfeld und während der Blattjagd alles richtig, kann es im Ergebnis zu jagdlichen Sternstunden kommen.

Selbst kleinste Fehler aufseiten des Jägers, lassen zustehende Böcke misstrauisch werden und im schlimmsten Fall abspringen.

Gleichzeitig lehrt die Blattjagd, mit Fehlschlägen umzugehen und aus ihnen zu lernen. Viele Misserfolge lassen sich auf kleine, oft unscheinbare Fehler zurückführen: ein kaum merklicher Windwechsel, eine unbedachte Bewegung, ein zu schneller Griff zum Blatter oder zur Büchse. Diese Jagdform zwingt den Jäger, sich selbst immer wieder zu hinterfragen und die eigenen Abläufe zu verbessern. Am Ende steht nicht immer der erlegte Bock im Vordergrund. Oft sind es die intensiven Augenblicke, die im Gedächtnis bleiben: wenn nach einer längeren Serie von Fieplauten plötzlich Bewegung sichtbar wird, wenn der Bock im Anmarsch ist, der Puls steigt und das Adrenalin spürbar durch den Körper schießt. Solche Momente prägen sich tief ein und sind häufig ein Leben lang in Erinnerungen präsent.

Gerade in der Praxis zeigt sich, wie variabel das Verhalten der Böcke während der Blattzeit sein kann. Es gibt Momente, in denen der Bock fast spielerisch zusteht, ohne jede Scheu, als wüsste er genau, was ihn erwartet. Ebenso erlebt man Situationen, in denen er zunächst reglos am Rand der Deckung verharrt, sichert und jeden Luftzug prüft, bevor er sich entscheidet, ob er den letzten Schritt wagt.

Besonders eindrücklich sind jene Begegnungen, in denen der Jäger den Stand schon fast verlassen will, weil sich scheinbar nichts rührt, und plötzlich knackt es im Einstand. Dann gilt es, jede Bewegung zu kontrollieren, den Blatter vielleicht noch einmal leise anzusetzen und zu warten, ob der Bock näherkommt. Manchmal bricht er im nächsten Moment heraus, andere Male springt er ab, um sich anderswo Wind zu holen. Wer in dieser Phase zu hastig handelt, riskiert es, den Bock zu vergrämen. Die Blattjagd ist und bleibt eine Jagdart, die ihre Anhänger immer wieder neu fordert und belohnt, durch unverfälschte Begegnungen mit dem Wild, durch die Pflege eines alten jagdlichen Handwerks und durch das ständige Dazulernen über eine Wildart, die trotz ihrer weiten Verbreitung noch immer geheimnisvolle Seiten bewahrt.

Bei der Blattjagd ist der Jäger häufig mit dem Wild auf Augenhöhe. Dies macht die Jagd besonders spannend.

NAMENSHERKUNFT

Der Begriff Blattjagd hat seinen Ursprung in der ältesten und ursprünglichsten Form des Rehwildlockens. Lange bevor es moderne Blatter aus Kunststoff oder Holz gab, nutzten die Jäger ein einfaches, aber sehr wirkungsvolles Hilfsmittel aus der Natur, das Buchenblatt. Meist wurde dabei ein Blatt einer sogenannten Schattenbuche verwendet. Diese Blätter sind besonders weich und geschmeidig, da sie nicht der intensiven Sonneneinstrahlung ausgesetzt sind. Das macht sie elastischer und verhindert, dass sie beim Blatten reißen.
Die Funktionsweise ist im Grunde einfach und erinnert an ein Kinderspiel, das viele noch aus ihrer Jugend kennen. Wer als Kind schon einmal auf einem Grashalm zwischen den Daumen „musiziert" hat, um einen hohen Ton zu erzeugen, kennt das Prinzip. Bei der Blattjagd wird das Buchenblatt ähnlich zwischen die Daumen gespannt, und durch gezielten Luftdruck entsteht ein Ton, der dem Fiepen einer Ricke täuschend ähnlich klingt. Mit etwas Übung lassen sich damit unterschiedliche Tonlagen erzeugen, vom sanften Rickenfiep bis hin zum Angstgeschrei, die einen Rehbock in Bewegung versetzen können.

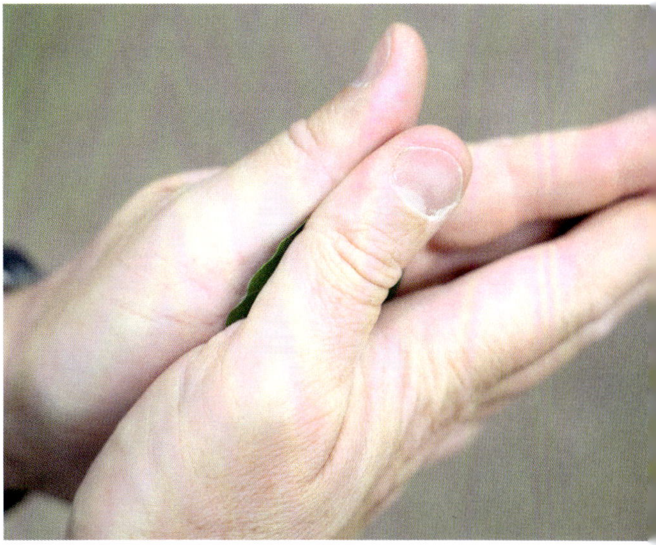

In der Vergangenheit stand dem Jäger als Blattjagdinstrument ausschließlich das Buchenblatt zur Verfügung.

Da frische Buchenblätter schnell austrocknen und dadurch ihre Elastizität verlieren, entwickelten die Jäger schon früh einfache Methoden, um ihre Blätter einsatzbereit zu halten. Besonders bewährt hatte sich das Mitführen einer kleinen Blechdose. In dieser Dose befand sich ein leicht angefeuchtetes Taschentuch, in das mehrere Buchenblätter eingelegt wurden.
Die Feuchtigkeit hielt die Blätter geschmeidig. So konnten sie über längere Zeit hinweg genutzt werden, auch wenn gerade keine passenden Buchenblätter in Reichweite zu finden waren. Oft trug der gut vorbereitete Blattjäger zehn oder mehr Blätter bei sich, um im Laufe eines Jagdtages stets auf frisches Material zurückgreifen zu können. Diese Form der Jagd erforderte viel Geschick, Erfahrung und ein gutes Gehör, um die Tonlage möglichst authentisch nachzuahmen. Der Erfolg hing stark von der Fähigkeit des Jägers ab, den natürlichen Klang einer Ricke glaubhaft zu imitieren. Trotz der Einfachheit des Mittels war das Blatten mit dem Buchenblatt über viele Jahrzehnte eine sehr effektive Methode und hat sich in vielen Regionen als fester Bestandteil der Sommerjagd etabliert.

Heute werden anstatt des Buchenblattes überwiegend Blattjagdinstrumente aus Horn, Knochen, Holz oder Kunststoff genutzt.

TRADITION BEWAHREN

Auch wenn heute in der Blattjagd überwiegend moderne Lockinstrumente zum Einsatz kommen, erinnert der Name noch immer an diese ursprüngliche Form der Jagd. Er ist ein Stück jagdliches Kulturgut, das die Verbindung zwischen Tradition und Natur deutlich macht. Das Wissen um den Ursprung des Begriffs Blattjagd ist daher nicht nur eine historische Randnotiz, sondern auch ein Ausdruck der Wertschätzung für die jagdlichen Wurzeln, aus denen sich unsere heutigen Methoden entwickelt haben.
Auch wenn heute die meisten Blatter aus Kunststoff gefertigt sind und eine gleichbleibende Tonqualität bieten, kann es für einen Jäger dennoch von Vorteil sein, die Technik mit dem Buchenblatt zu beherrschen. Zum einen bewahrt man damit ein altes jagdliches Handwerk, das eng mit der Geschichte der Blattjagd verbunden ist, zum anderen kann es Situationen geben, in denen der moderne Blatter nicht zur Hand ist. Ein Buchenblatt ist hingegen in den heimischen Revieren meist schnell gefunden.

Vorteil des Buchenblattes im Vergleich zum Blatter aus dem Handel: Es steht in fast jedem Revier in Deutschland zur Verfügung.

DAS KLASSISCHE BLATTJAGDREVIER

Die Blattjagd kann in ganz unterschiedlichen Reviergrößen erfolgreich ausgeübt werden. Entscheidend für den Jagderfolg ist nicht in erster Linie die Fläche, sondern die Qualität des Lebensraums und die jagdliche Bewirtschaftung. Ein kleiner Pirschbezirk kann, wenn er gut strukturiert und fachmännisch betreut wird, ebenso spannende Blattjagderlebnisse bieten wie ein flächenmäßig sehr großes Revier.

Das klassische Durchschnittsjagdrevier in Deutschland misst etwa dreihundertfünfzig Hektar. Viele Jäger verfügen jedoch über deutlich kleinere Flächen, teilweise nur fünfundsiebzig oder achtzig Hektar. Während große Reviere oft den Vorteil bieten, mehrere Rehböcke gleichzeitig heranwachsen zu lassen und somit eine höhere Stückzahl zu erlegen, liegt dieser Vorteil vor allem im Bereich der Quantität. Die Qualität der Jagd, also die Intensität und Echtheit des Blattjagderlebnisses, hängt nicht zwangsläufig mit der Größe des Reviers zusammen. Auch auf kleinen Flächen lassen sich spannende und erfolgreiche Blattjagden gestalten, wenn die Rahmenbedingungen stimmen. Ein entscheidender Faktor ist die Rehwilddichte. Ist der Bestand dem Lebensraum angepasst, zeigt das Rehwild ein ruhiges sowie entspanntes Verhalten. Überhöhte Dichten führen dagegen zu innerartlichem Stress und somit zu einer Abnahme der Wildbretgewichte.

Von besonderer Bedeutung sind die Größe und Beschaffenheit einzelner Einstände. Ein Rehbock-Einstand kann, abhängig von Struktur und Qualität des Lebensraums, stark variieren. In strukturreichen Bereichen kann er sich auf lediglich vier Hektar beschränken, während in großflächigen und weniger abwechslungsreichen Habitaten mit schlechteren Äsungsverhältnissen Rehböcke Einstände von teilweise bis zu vierzig Hektar oder mehr nutzen.

Abwechslungsreiche Landschaften sorgen für gute Äsungsverhältnisse und damit kleinere Einstände beim Rehwild.

Je hochwertiger und abwechslungsreicher der Lebensraum, desto mehr Böcke können in einem Gebiet ohne erhöhten Stress und Konkurrenzdruck nebeneinander leben. Eine pauschale Angabe zur optimalen Einstandsgröße ist deshalb nicht möglich, da die örtlichen Gegebenheiten zu unterschiedlich sind, um allgemeingültige Werte festzulegen.
Ideal ist eine abwechslungsreiche Landschaft mit einer Mischung aus Wald, Feldgehölzen, Waldrändern, Wiesenflächen und kleinen Dickungen. Solche Strukturen bieten Deckung und Äsung in unmittelbarer Nähe zueinander, was natürlich auch für die Blattjagd entscheidend ist. Selbst kleine Reviere können durch gezielte Hege und Pflege diese Qualitäten entwickeln und erhalten. Wer in kleinen Revieren jagt, sollte sich der Wichtigkeit seiner jagdlichen Zurückhaltung besonders bewusst sein. Da die Einstände hier häufig überschaubar sind, wirkt sich jede unnötige Störung und jeder Eingriff besonders stark aus. Wer sich außerhalb der Blattzeit zurückhält und die sensiblen Bereiche schont, kann zur Blattjagd ernten. Zusammenfassend gilt: Die Größe eines Reviers bestimmt nicht automatisch den jagdlichen Wert der Blattjagd. Während große Flächen oft mehr Abschüsse zulassen, entscheidet über die Qualität vor allem die Struktur, die Ruhe im Lebensraum, die angepasste Rehwilddichte, das ausgewogene Geschlechterverhältnis sowie die Qualität der Einstände. Wer diese Grundlagen beachtet, macht vieles richtig und kann hochwertige Blattjagden erleben.

Beispielsweise Feldgehölze sowie Hecken bieten beste Lebensräume für das Rehwild.

Voraussetzung für eine gute Blattjagd ist ein dem Lebensraum angepasster Wildbestand sowie ein ausgewogenes Geschlechterverhältnis.

ÜBER REHWILD

BIOLOGIE DES REHWILDES ZUR BLATTZEIT

Wer die Blattjagd erfolgreich ausüben möchte, sollte die biologischen Grundlagen der Rehbrunft kennen und verstehen. Dabei ist es hilfreich, zunächst die beiden Begriffe Rehbrunft und Blattzeit klar voneinander abzugrenzen.

Die Rehbrunft beschreibt die gesamte Paarungszeit des Rehwildes. Sie beginnt in Mitteleuropa in der Regel Anfang bis Mitte Juli und dauert bis in den August hinein. In dieser Phase werden die Ricken paarungsbereit und können vom Bock beschlagen werden. Die Blattzeit hingegen ist der jagdliche Begriff für den Zeitraum innerhalb der Brunft, in dem Rehböcke besonders gut mithilfe von Fieplauten (dem sogenannten Blatten) angelockt werden können. Diese Phase liegt häufig gegen Ende der Brunft, wenn der Großteil der weiblichen Stücke bereits beschlagen ist und die Böcke zunehmend Schwierigkeiten haben, weitere paarungsbereite Schmalrehe oder Ricken zu finden. Die erhöhte Aktivität und hormonelle Spannung machen die Böcke dann besonders reaktionsfreudig. Es herrschen somit geradezu ideale Bedingungen für die Blattjagd.

Schmalrehe und Ricken lassen den Beschlag des Bockes in der Regel nur ein bis zwei Tage lang zu.

BRUNFTVERHALTEN VON REHWILD

In der Zeit der Rehbrunft wird das Verhalten von Bock und Ricke nahezu vollständig vom Fortpflanzungstrieb gesteuert. Diese Phase markiert den Höhepunkt des jährlichen Lebenszyklus des Rehwildes und prägt in besonderem Maße auch das Blattjagdgeschehen. Die Ricke erreicht etwa zwei Monate nach dem Setzen ihrer Kitze den Eisprung. Dieser Zeitpunkt fällt im Mittelgebirgsraum in der Regel in die letzten Julitage oder die ersten Augusttage, wobei deutliche regionale Verschiebungen auftreten können. Die Phase der Paarungsbereitschaft ist dabei jedoch extrem kurz. In der Regel umfasst sie nur ein Zeitfenster von ein bis zwei Tagen, in denen die Ricke den Beschlag duldet und den Beschlag durch den Bock zulässt. Außerhalb dieses engen Zeitraums zeigt sie ein konsequent abwehrendes Verhalten und entzieht sich dem Bock.

Der Bock steht in dieser Zeit unter dem starken Einfluss seines Hormonhaushaltes.

Beim Treiben verfolgt der Rehbock das weibliche Stück teils über lange Zeiträume hinweg.

Der Testosteronspiegel erreicht Spitzenwerte, was sich in gesteigerter Aktivität, hoher Aggressivität und ausgeprägtem Territorialverhalten widerspiegelt. Besonders in Revieren mit hoher Dichte an Rehwild verstärkt sich der Konkurrenzdruck erheblich. Die Böcke sind zu dieser Zeit des Jahres in ständigem Wechsel mit der Revierverteidigung bzw. der Partnersuche beschäftigt. Sie markieren intensiv, indem sie mit dem Gehörn fegen, Plätzstellen anlegen und Duftmarken mit ihrer Stirnlocke setzen. Diese Markierungen dienen sowohl der Revierabgren-

Immer wieder bewindet der Bock das Feuchtblatt des weiblichen Stückes.

zung als auch der Kommunikation gegenüber Konkurrenten und potenziellen Partnerinnen. Begegnen sich zwei ähnlich starke Böcke, kommt es nicht selten zu energischen Drohgebärden, Verfolgungsjagden und körperlichen Auseinandersetzungen, die zu ernsthaften Verletzungen bei den beiden Rivalen führen können.
Typisch für die Brunft ist das sogenannte Treiben. Dabei folgt der Bock der Ricke oft über längere Zeiträume hinweg in engem Abstand. Die Ricke läuft, prüft und testet immer wieder, ob der Bock ihr in Ausdauer und Aufmerksamkeit standhält. Dieses Treiben steigert sich, je näher die Ricke dem Eisprung kommt. In dieser Phase bleibt der Bock besonders hartnäckig an ihrer Fährte, wobei er mit seinem Windfang oft dicht am Feuchtblatt der Ricke klebt. Dieses intensive Umwerben kann sich über Stunden hinziehen und führt nicht selten zu einem weiträumigen Wechsel durch deren Territorium.

ÜBERRASCHUNGEN IM REVIER

Die erhöhte Aktivität während der Brunft wirkt sich direkt auf die Sichtbarkeit und Ansprechbarkeit der Böcke aus. Sie verlassen in dieser Zeit oft ihre vertrauten Einstände und überschreiten Reviergrenzen, was für den Jäger sowohl eine Chance als auch eine Herausforderung darstellt. Auf der einen Seite ergeben sich neue Möglichkeiten, da auch bisher unbekannte oder selten gesehene Böcke im eigenen Revier auftauchen können. Auf der anderen Seite erschwert die Unberechenbarkeit ihrer Bewegungen eine gezielte Planung. Ein Bock, der eben noch im Sichtfeld stand, kann innerhalb weniger Minuten verschwinden, um plötzlich an ganz anderer Stelle wieder zu erscheinen.
Für die Blattjagd bedeutet dieses Verhalten sowohl einen Vorteil als auch ein Risiko. Die hormonelle Aufregung und der unermüdliche Suchtrieb machen die Böcke empfänglich für Locklaute, dennoch reagieren sie nicht immer vorhersehbar. Man-

Bei der Blattjagd muss der Jäger stets mit Überraschungen rechnen. Böcke stehen teils in Windeseile bis auf wenige Meter zu.

Alles kann passieren – genau das macht die Blattjagd zu einer der spannendsten Jagden.

Wird ein weibliches Stück in der Brunft nicht beschlagen, kann es im Herbst zu einer Nachbrunft kommen.

che Böcke kommen zielstrebig und ohne Zögern auf den Lockruf zu, andere sichern lange, nähern sich in großen Bögen oder ziehen trotz anfänglicher Reaktion unvermittelt ab. Dabei spielen individuelle Faktoren eine entscheidende Rolle. Das Alter eines Bockes beeinflusst ebenso sein Verhalten wie seine bisherigen Erfahrungen, die Struktur des Reviers und die aktuelle Dichte an Nebenbuhlern.

Erfahrene Jäger wissen, dass in dieser Zeit Geduld und Flexibilität entscheidend sind. Ein Bock, der nicht sofort reagiert, kann Minuten später doch erscheinen, oft aus einer unerwarteten Richtung. Ebenso kann ein Bock, der zunächst zusteht, kurz vor dem Stand abdrehen, wenn er Wind bekommt oder etwas Ungewohntes bemerkt. Diese Mischung aus planbaren biologischen Abläufen und unvorhersehbarem Verhalten macht die Blattzeit zu einer der spannendsten und zugleich anspruchsvollsten Jagdphasen im Jahresverlauf.

NACHBRUNFT

Das Phänomen der Nachbrunft beim Rehwild gehört zu den weniger bekannten, aber dennoch bedeutsamen Aspekten in der Wildbiologie. Während die Hauptbrunft ihren Höhepunkt im Juli und den ersten Augusttagen erreicht, lassen sich vereinzelt auch noch Wochen oder sogar Monate später Brunftaktivitäten beobachten. Selbst im November können Rehböcke dabei beobachtet werden, wie sie Ricken oder Schmalrehe treiben. Diese Beobachtungen sind selten, doch sie sind ein Beleg für die Anpassungsfähigkeit des Rehwildes. Die Ursache dafür liegt vor allem darin, dass nicht jedes weibliche Stück während der eigentlichen Brunft beschlagen wird. Ein unausgeglichenes Verhältnis von Böcken und Ricken oder ungünstige äußere Umstände können dazu führen, dass einzelne Ricken oder Schmalrehe unbeschlagen bleiben. Diese Stücke werden später erneut brunftig, was die Grundlage für die Nachbrunft bildet.

Der Rehbock ist in der Lage, Sperma in seinen Nebenhoden über längere Zeit zu speichern. Diese biologische Besonderheit ermöglicht es ihm, auch im Oktober oder sogar im November noch erfolgreich Ricken zu beschlagen. Dadurch kann selbst zu einem Zeitpunkt, an dem man das Rehwild eher zurückgezogen und ruhig vermutet, plötzlich Brunfttreiben auftreten. In Revieren, in denen Nachbrunft vorkommt, können Böcke im Spätherbst mitunter unruhiger sein, stärker markieren und in seltenen Fällen sogar noch auf Locklaute reagieren. Allerdings ist diese Reaktion weitaus weniger zuverlässig als während der klassischen Blattzeit, weshalb sich der Jäger darauf nicht gezielt einstellen sollte. Vielmehr bleibt es eine Ausnahme.

NACHBRUNFT BEIM REHWILD

Ursachen:

- Nicht jedes weibliche Stück wird in der Hauptbrunft beschlagen.
- Ungünstiges Geschlechterverhältnis oder äußere Einflüsse verhindern die Paarung.
- Ricke oder Schmalreh wird später erneut brunftig.

Besonderheit des Bockes:

- Sperma wird in den Nebenhoden gespeichert.
- Befruchtung ist auch im Oktober oder November noch möglich.

Bedeutung für die Jagd:

- Vereinzelt Brunfttreiben bis in den Herbst hinein möglich.
- Rehböcke können unruhiger sein und noch auf Reize reagieren.
- Kein verlässliches Jagdfenster, eher zufällige Beobachtungen.

Wildbiologische Konsequenzen:

- Sicherung des Fortpflanzungserfolgs.
- Verspätete Setztermine im Hochsommer.
- Schlechtere Überlebenschancen für spät gesetzte Kitze.

Merke: Aus jagdlicher Sicht sollte die Nachbrunft daher weniger als zusätzliche Jagdmöglichkeit, sondern vielmehr als Indikator verstanden werden. Sie weist den Jäger auf mögliche Defizite in der Bestandsstruktur oder auf Störungen im Revier hin.

NOTLÖSUNG

Wildbiologisch ist die Nachbrunft ein Sicherheitsmechanismus, der den Fortpflanzungserfolg gewährleistet. Sie sorgt dafür, dass auch Ricken, die während der Hauptbrunft nicht beschlagen wurden, noch die Chance auf Nachwuchs haben. Gleichzeitig führt eine verspätete Befruchtung zu zeitlich verschobenen Setzterminen. Kitze, die im Herbst gezeugt werden, kommen erst im Hochsommer des Folgejahres zur Welt und haben dadurch weniger Zeit, um bis zum Winter genügend Reserven anzulegen. Dies kann ihre Überlebensfähigkeit beeinträchtigen und erklärt, warum das Nachbrunftgeschehen trotz seiner Funktion nicht unbedingt vorteilhaft für den Bestand ist. Für den Jäger ist das Auftreten der Nachbrunft weniger eine jagdliche Option als vielmehr ein Hinweis auf die Strukturen im Revier. Sie macht deutlich, wie wichtig ein ausgewogenes Verhältnis von Böcken und Ricken ist und wie entscheidend es ist, die natürlichen Abläufe im Bestand zu unterstützen. Damit ist die Nachbrunft ein interessantes und aufschlussreiches Phänomen. Sie zeigt, wie flexibel das Rehwild in seiner Fortpflanzungsbiologie ist, und erinnert den Jäger daran, dass nachhaltige Bewirtschaftung immer den Blick auf das Ganze erfordert. Wer diese Zusammenhänge kennt, kann nicht nur die eigenen Beobachtungen besser einordnen, sondern auch sein Handeln im Revier fundierter gestalten.

ZEITLICHER VERLAUF DER BRUNFT

Die Hauptbrunft beginnt in vielen Regionen Mitte Juli und erreicht ihren Höhepunkt gegen Ende des Monats oder Anfang August. Der genaue Verlauf hängt von mehreren Faktoren ab, darunter Witterung,

Höhenlage und Habitattyp. In tieferen Lagen und bei warmer Witterung setzt die Brunft früher ein, in kühlen, hochgelegenen oder waldgeprägten Revieren oft später. In gut strukturierten Revieren lässt sich beobachten, dass die Brunftwelle über das Gelände wandert. Zunächst werden die Ricken in offenen, sonnenexponierten Flächen brunftig, gefolgt von Waldrändern und schließlich dichterem Einstand. Diese Verschiebung wird durch biologische Mechanismen erklärt: Die Tageslichtintensität wirkt über die Augen und die Zirbeldrüse auf den Hormonhaushalt der Tiere ein. In offenen Bereichen ist dieser Lichtreiz stärker und führt zu einer früheren Brunftbereitschaft. Zusätzlich sorgt hochwertige Äsung, etwa Kräuter und Klee, für eine bessere Kondition der Ricken, was die Fortpflanzungsbereitschaft weiter begünstigt.

Für die Praxis bedeutet das: Wer regelmäßig im Revier unterwegs ist, kann anhand dieser Verschiebungen die optimalen Standorte sowie den Zeitpunkt für die Blattjagd besser wählen.

EINFLUSS DES WETTERS

Das Wetter hat einen maßgeblichen Einfluss auf das Brunft- und Bewegungsverhalten des Rehwildes und damit auch direkt auf die Erfolgsaussichten der Blattjagd. Die physiologischen Abläufe der Brunft sind zwar hormonell gesteuert und daher weitgehend unabhängig vom Wetter, doch die sichtbare Aktivität – also das Treiben der Ricken durch die Böcke sowie deren Reaktion auf Locklaute – hängt stark von den aktuellen Witterungsverhältnissen ab.

An extrem heißen Tagen suchen die Böcke selbst in der Blattzeit kühlere Orte im Schatten auf und tanken dort Energie.

An sehr heißen sowie schwülen Tagen mit starker Sonneneinstrahlung meidet das Rehwild unnötige Bewegungen, um Überhitzung zu vermeiden. Die Böcke ruhen dann meist in dichten Einständen, im Schatten hoher Deckung oder im kühlfeuchten Unterholz. Die Brunftaktivität verschiebt sich bei solchen Bedingungen in die späten Abend- und frühen Morgenstunden oder sogar in die Nacht hinein. Das Wild bleibt dabei oft heimlich und scheut lange Strecken auf offenen Flächen. Entsprechend sinken die Chancen, während des Tages erfolgreich zu blatten.

KÜHL UND LEICHT BEDECKT IST IDEAL

Anders sieht es bei kühleren, leicht bewölkten oder bedeckten Tagen aus, insbesondere wenn eine leichte, gleichmäßige Luftbewegung herrscht. Unter solchen Bedingungen steigt die Aktivität des Wildes deutlich an. Die Böcke sind länger und häufiger auf den Läufen, suchen aktiv nach brunftigen

> Kühle, leicht bedeckte Tage mit ruhigem Wind sind die erfolgsversprechendsten Blattjagdtage. Hitze und Sturm sind hingegen für das Blatten eher ungünstig.

Ricken und reagieren deutlich auf Fieplaute. Auch das Locken wird bei leichtem Wind günstiger, weil die Duftwahrnehmung und das Vertrauen des Wildes in die Deckung besser sind.
Starker, böiger Wind dagegen führt oft dazu, dass Rehe unsicher werden. Ihre Sinne, insbesondere Gehör- und Geruchssinn, können unter solchen Bedingungen Beunruhigungen schlechter einordnen. Sie verhoffen seltener oder springen nervös ab. Ebenso wirken Dauerregen und Gewitter hemmend auf das Brunftgeschehen. Für die Praxis der Blattjagd bedeutet dies, dass der Jäger seine Ansitz- und Pirschzeiten flexibel anpassen sollte. Idealerweise werden kühlere, leicht bedeckte Tage mit sanftem Wind für das Jagen in der Blattzeit genutzt. Nach einer

In besonders hellen Mondnächten ist Rehwild häufig überdurchschnittlich aktiv.

Hitzeperiode lohnt es sich besonders, sobald die Temperaturen wieder fallen und das Rehwild seine Aktivität deutlich steigert.

Empfehlung

Ansitze und Pirschgänge in der Blattzeit sollten besonders flexibel unter Berücksichtigung des Wetters geplant werden. Nach heißen Perioden, wenn die Temperaturen fallen, zieht es die Böcke wieder verstärkt auf die Läufe. Diese Phasen sollten gezielt genutzt werden, anstatt an heißen sowie windstillen Tagen unnötig viel Druck auf das Wild auszuüben.

Auch auf die Aktivität in der Blattzeit bei Nacht hat das Mondlicht einen massiven Einfluss.

EINFLUSS DES MONDES

Das Verhalten des Rehwildes wird durch zahlreiche Einflüsse geprägt, doch das Licht des Mondes nimmt während der Sommermonate eine besondere Rolle ein. Gerade in der Zeit der Rehbrunft verändern die wechselnden Mondphasen das Aktivitätsmuster von Böcken und Ricken deutlich. Während die Tageslichtlänge die grundlegenden biologischen Abläufe steuert, wirken die Mondnächte wie ein zusätzlicher Taktgeber, der das Brunftgeschehen intensivieren oder abschwächen kann. Ricken, die während dunkler Nächte eher passiv bleiben, zeigen bei hellem Mondlicht eine intensivere Bewegung. Sie äsen länger und sind häufiger sichtbar. Dies verstärkt die Aktivität der Böcke zusätzlich, da jeder Kontakt mit einer Ricke neue Brunftreize setzt.

Besonders in Feldrevieren lässt sich in klaren Vollmondnächten beobachten, dass Böcke über große Strecken sichtbar im Offenland stehen und ihre Suche ausdehnen. Die Erkenntnis, dass der Mond das Brunftverhalten spürbar beeinflusst, eröffnet für den Jäger neue Ansätze. Gerade bei Vollmond lohnt es sich, die Blattjagd nicht ausschließlich auf die Morgen- und Abendstunden zu beschränken. Dann sind gerade die späten Vormittags- und frühen Mittagsstunden lohnend, da Böcke nach einer langen, aktiven Nacht erneut in Bewegung geraten und dem Jäger in dieser Zeit oft gute Chancen bieten.

REGIONALE UND INDIVIDUELLE UNTERSCHIEDE

Die Hauptbrunft des Rehwildes beginnt in vielen Regionen Deutschlands meist Mitte Juli und erreicht ihren Höhepunkt gegen Ende des Monats oder in den ersten Augusttagen. Der genaue Beginn und Verlauf werden durch eine Vielzahl von Faktoren beeinflusst, darunter das vorherrschende Wetter, die Höhenlage des Reviers und die Beschaffenheit des Lebensraumes. In tieferen Lagen und in Gebieten mit warmer, stabiler Witterung setzt die Brunft oft deutlich früher ein, während sie in kühleren, höher gelegenen oder stark waldgeprägten Revieren erst spürbar später beginnt.

In gut strukturierten Revieren lässt sich häufig ein klarer Ablauf beobachten, der einer Art Wellenbewegung gleicht. Zuerst zeigen die Ricken in offenen, von der Sonne intensiv beschienenen Flächen Brunftanzei-

In Gebirgsrevieren beginnt die Brunft des Rehwildes in aller Regel später als im Flachland.

Wer sein Revier regelmäßig im Blick hat, wird den Verlauf der Brunft erkennen und so die Blattjagd besser planen können.

chen. Diese Bereiche erwärmen sich schneller, was zu einer intensiveren Licht- und Wärmeeinwirkung führt. Kurz darauf folgen die Stücke im Waldrandbereich, wo sich Sonne und Deckung gleichermaßen abwechseln, und zuletzt die Ricken im dichteren Wald oder in geschlossenen Einständen. Diese Verschiebung im zeitlichen Ablauf ist nicht zufällig, sondern hat eine biologische Grundlage. Die Intensität des Tageslichtes wirkt über die Augen und die Zirbeldrüse direkt auf den Hormonhaushalt der Tiere. In offenen Landschaften ist der Lichtreiz stärker, sodass die hormonelle Steuerung der Fortpflanzung dort früher in Gang gesetzt wird. Hinzu kommt, dass offene Flächen oft eine besonders hochwertige Äsung bieten, wie beispielsweise frische Kräuter und Klee. Diese nährstoff- und eiweißreiche Kost verbessert die Kondition der Ricken und beeinflusst Fruchtbarkeit und Paarungsbereitschaft zusätzlich.

Für den Jäger, der während der Blattzeit gezielt vorgehen möchte, ist dieses Wissen von großer Bedeutung. Wer sein Revier aufmerksam beobachtet, erkennt die Wanderung der Brunftaktivität und kann diese Informationen für eine gezielte Standortwahl nutzen. So kann es in der Frühphase der Brunft besonders lohnend sein, Ansitze in sonnenexponierten Wiesen- oder Feldbereichen zu wählen, während sich später vermehrt Einsätze an Waldrändern oder in dichteren Waldbereichen anbieten. Kein Revier ist wie das andere. Regionale Besonderheiten und individuelle Unterschiede bestimmen den Brunftverlauf maßgeblich. Umso wichtiger ist die Fachkenntnis des Jägers, der in der Lage sein muss, die Gegebenheiten richtig zu deuten und entsprechend zu reagieren.

BRUNFTWELLE IM REVIER

Mitte Juli – Frühphase der Brunft:

— Erste Brunftanzeichen vor allem in offenen, sonnenexponierten Offenlandbereichen.
— Ricken und Böcke treten vermehrt gemeinsam in Erscheinung.
— Gute Erfolgsaussichten für Ansitze am frühen Morgen oder späten Abend auf offenen Flächen mit hochwertiger Äsung.

Ende Juli – Hauptphase in Offenland und Waldrand:

— Ricken in Feldfluren und an Waldrändern sind jetzt vermehrt brunftig.
— Das Treiben der Ricken ist meist gut zu beobachten. Bock und Ricke sind oft mehrfach am Tag in Bewegung.
— Die Blattzeit beginnt. Böcke reagieren intensiv auf Locklaute.
— Ansitze an Übergängen zwischen Feld und Wald, an Hecken oder kleineren Gehölzgruppen sind jetzt besonders attraktiv.

Anfang August – Verlagerung in geschlossene Einstände:

— Brunftaktivität ist jetzt auch stärker im Wald zu beobachten, vor allem in dichten Einständen und strukturreichen Beständen.
— Böcke begleiten Ricken häufig über längere Zeit.
— Blattjagd an lichten Stellen im Wald oder an kleinen Schneisen ist erfolgversprechend. Die Reaktionsfenster der Böcke sind häufig nur kurz.
— **Mitte August – Abklingen der Brunft:** Nur noch einzelne Ricken sind brunftig. Die Brunftaktivität ist deutlich reduziert.
— Reaktionen der Böcke auf Locklaute lassen nach. Manche Böcke reagieren gar nicht mehr.
— Böcke sind öfter zu beobachten, wie sie sich von der kräftezehrenden Brunft erholen.

GESCHLECHTER-VERHÄLTNIS

Idealerweise liegt das Geschlechterverhältnis beim Rehwild bei etwa 1 : 1, das bedeutet, auf jeden Rehbock kommt eine Ricke. Ein solcher Bestand ermöglicht es, dass die Brunft konzentriert und zügig abläuft, da genügend brunftbereite Ricken zur Verfügung stehen, ohne dass ein übermäßiger Konkurrenzdruck entsteht. Der Bock kann seine Energie in erster Linie auf das Fortpflanzungsverhalten richten, anstatt einen erheblichen Teil seiner Kräfte in lange und kräftezehrende Kämpfe mit Rivalen investieren zu müssen.

Wird das Verhältnis zu stark zugunsten der Ricken verschoben, hat der Platzbock in seinem Territorium ständig Zugang zu paarungsbereiten Ricken, welche er beschlagen möchte. Das führt dazu, dass er seltener oder gar nicht auf Fieplaute aus dem Blatter des Jägers reagiert, weil er schlicht keinen Anlass hat, einer vermeintlichen weiteren Ricke nachzugehen. Für die Blattjagd bedeutet dies, dass die Erfolgsquote deutlich sinkt, da der Reiz des künstlich imitierten Lockrufes durch das Überangebot an realen Partnerinnen abgeschwächt wird. Eine unausgewogene Verteilung kann zudem zu einer verlängerten Brunftzeit führen, weil immer wieder einzelne Ricken erst spät paarungsbereit werden. Dadurch erhöht sich die Belastung der Böcke, die über einen längeren Zeitraum hinweg aktiv bleiben müssen, was zu körperlicher Auszehrung und einer langsameren Regeneration führt.

Bei einem Überhang an Böcken im Bestand, macht der Jäger in der Blattjagd in der Regel leichter Beute.

ÜBERHANG AN BÖCKEN

Ein Überhang an männlichem Rehwild kann sich unter bestimmten Bedingungen durchaus positiv auf die Blattjagd auswirken. Wenn mehr Böcke im Revier vorhanden sind, steigt naturgemäß der Konkurrenzdruck, was dazu führt, dass sie verstärkt auf Locklaute reagieren. Jeder zusätzliche Rivale wird als potenzielle Bedrohung der eigenen Fortpflanzungschancen wahrgenommen. Dieses gesteigerte Konkurrenzverhalten macht die Böcke oft wagemutiger und weniger zögerlich, wenn sie einen vermeintlichen Ruf einer brunftbereiten Ricke vernehmen. Für den Jäger kann dies bedeuten, dass die Wahrscheinlichkeit, einen Bock zum Zustehen zu bewegen, spürbar steigt.

Allerdings muss diese Wirkung immer im Gesamtkontext betrachtet werden. Ein zugunsten der Böcke verschobenes Geschlechterverhältnis ist für sich genommen noch kein Hinweis auf einen überhöhten Rehwildbestand. Erst wenn zusätzlich die absolute Zahl des Rehwildes im Revier zu hoch ist, also die Tragfähigkeit des Lebensraumes überschritten wird, treten deutliche Nachteile auf. In einer solchen Konstellation verstärken sich die negativen Folgen, da ein hoher Bockbestand in Kombination mit einer insgesamt überhöhten Rehwilddichte zu vermehrten Auseinandersetzungen um Territorien führt. Diese Kämpfe, die oft mit intensiven Verfolgungen und wiederholtem Kräftemessen einhergehen, kostet das Wild enorme Mengen an Energie. Neben dem Risiko von Verletzungen bedeutet dies, dass

Die konsequente Bejagung des weiblichen Rehwildes ist von zentraler Bedeutung.

die Böcke körperlich schneller abbauen, ihre Kondition leidet und sie sich langsamer regenerieren.
Für eine erfolgreiche Blattjagd ist daher nicht nur der relative Anteil der Böcke im Bestand von Bedeutung, sondern auch die absolute Wilddichte und die Qualität des Lebensraumes. Ein leicht zugunsten der Böcke verschobenes Verhältnis in einem ansonsten gut strukturierten und tragfähigen Revier kann die Reaktionsfreude erhöhen, ohne dass negative Auswirkungen auf Kondition oder Verhalten der Tiere entstehen. Wird jedoch ein Überhang an männlichem Rehwild mit einem insgesamt zu hohen Wildbestand kombiniert, überwiegen langfristig die Nachteile, sowohl für die Population als auch für den jagdlichen Erfolg. Eine verantwortungsvolle Revierbewirtschaftung muss daher beide Aspekte im Blick behalten und dafür sorgen, dass die Bestandsdichte dem Lebensraum angepasst bleibt. Nur so kann ein ausgewogenes Verhältnis von positiver Reaktionsbereitschaft bei der Blattjagd und einer gesunden, leistungsfähigen Rehwildpopulation erhalten werden.

ZIEL: AUSGEGLICHENES GESCHLECHTERVERHÄLTNIS

Das Ziel einer waidgerechten Hege sollte deshalb stets ein Geschlechterverhältnis sein, das beiden Geschlechtern einen angemessenen Anteil im Bestand sichert. Dies wird vor allem durch eine gezielte und konsequente Bejagung des weiblichen Rehwildes erreicht. Wer dabei besonders auf die Entnahme schwächerer Ricken oder Schmalrehe achtet, unterstützt gleichzeitig die natürliche Auslese und fördert die Qualität des Gesamtbestandes.
Ein stabiles Geschlechterverhältnis wirkt sich nicht nur auf das Verhalten während der Brunft aus, sondern auch direkt auf den Erfolg der Blattjagd. In einem ausgewogenen Bestand ist der Bock gezwungen, aktiv nach brunftbereiten Ricken zu suchen. Fehlt es ihm an Partnerinnen im direkten Umfeld, steigt die Wahrscheinlichkeit, dass er auf den Lockruf des Jägers reagiert und zusteht. Gleichzeitig bleiben solche Böcke meist in einer besseren körperlichen Verfassung, da die Brunftzeit kürzer und konzentrierter verläuft. Dies wirkt sich positiv auf

ihr Verhalten aus: Sie erscheinen oft entschlossener, reaktionsfreudiger und weniger misstrauisch am Blattjagdstand. Es ist somit nicht nur eine jagdpraktische, sondern auch eine wildbiologische Notwendigkeit, das Verhältnis von Böcken zu Ricken im Auge zu behalten und gegebenenfalls aktiv zu steuern. Eine gut geplante Rehwildbewirtschaftung, die diesen Aspekt berücksichtigt, ist der Schlüssel für gesundes, starkes und widerstandsfähiges Rehwild und damit auch für eine erfolgreiche und erlebnisreiche Blattjagd.

HÄUFIGE SITUATION

In den meisten Jagdrevieren ist das Geschlechterverhältnis nicht ausgeglichen. Oftmals findet sich in den Revieren ein höherer Anteil an Ricken als an Böcken.
In vielen Revieren mit hoher Dichte an Rehwild, kann das Verhältnis in einigen Fällen 1 : 2, 1 : 3 oder sogar noch höher zugunsten der Ricken ausfallen. Was auf den ersten Blick harmlos wirkt, hat in der jagdlichen Realität erhebliche Auswirkungen. Besonders die Blattjagd leidet unter einer Schieflage im Bestand.

AUSGANGSLAGE

Die Bejagung von Rehböcken erfolgt in vielen Revieren deutlich intensiver als die des weiblichen Rehwildes. Dafür gibt es mehrere Ursachen, die sowohl jagdpraktischer als auch emotionaler Natur sind. Einer der offensichtlichsten Gründe ist die leichtere Ansprache. Ein Bock ist in nahezu allen Situationen am Gehörn zu erkennen, selbst auf größere Entfernung oder bei schlechten Lichtverhältnissen. Für den Jäger entsteht dadurch ein hohes Maß an Sicherheit bei der Ansprache, was wiederum die Entscheidung für den Schuss erleichtert.
Beim weiblichen Rehwild gestaltet sich die Situation oft wesentlich komplexer. Die Unterscheidung zwischen einer Ricke und einem Schmalreh erfordert viel Erfahrung, Geduld und manchmal auch günstige Ansprechbedingungen. Besonders in den Sommermonaten ist die Gefahr, versehentlich ein führendes Stück zu erlegen, ein ständiger Begleiter. Viele Jäger entscheiden sich in solchen Fällen bewusst für den Verzicht, um das Risiko zu vermeiden, ein Kitz verwaisen zu lassen. Diese jagdethische Zurückhaltung ist zum Glück weit verbreitet, führt aber in der Praxis dazu, dass weibliches Rehwild insgesamt zurückhaltender bejagt wird.

Häufig gibt es in den Revieren einen deutlichen Überhang an weiblichen Stücken.

Aufgrund des Gehörns sind Rehböcke in der Regel blitzschnell als solche zu erkennen.

Auch die Trophäe selbst sorgt häufig für eine verstärkte Bejagung der Rehböcke in den Revieren.

Ein weiterer, nicht zu unterschätzender Faktor ist die Bedeutung der Trophäe. Das Gehörn eines Rehbocks wird seit jeher als Symbol für jagdlichen Erfolg angesehen. Es ist mehr als nur ein Stück Knochensubstanz, es ist ein greifbarer Beleg für ein besonderes Erlebnis, für Stunden der Pirsch, für Momente höchster Konzentration und für das Zusammenspiel von Können und jagdlichem Glück. Ein konserviertes Jagderlebnis. Diese emotionale Komponente ist eng mit den Traditionen der Jagd verbunden. Das Sammeln von Trophäen ist nicht allein Selbstzweck, sondern oft Teil einer lebenslangen jagdlichen Chronik. Jeder Schädel, jede Stange erzählt eine eigene Geschichte, von Wetter, Ort, besonderen Umständen oder von der eigenen Entwicklung als Jäger. Dieses Element der Erinnerung und Wertschätzung sorgt dafür, dass Böcke in der Priorität vieler Jäger höher stehen.
Zusammengenommen führt diese Mischung aus leichterer Ansprechbarkeit, jagdethischer Vorsicht gegenüber weiblichem Wild und der hohen symbolischen wie ästhetischen Bedeutung des Gehörns dazu, dass in der jagdlichen Praxis Rehböcke flächig betrachtet, überdurchschnittlich stark bejagt werden. Dieses Ungleichgewicht ist ein wesentlicher Ausgangspunkt, wenn man über das Management von Rehwildbeständen und über ausgewogene Geschlechterverhältnisse im Revier nachdenkt. Es macht zugleich deutlich, dass jagdliche Motivation und wildbiologische Erfordernisse nicht immer deckungsgleich sind und deshalb in einer verantwortungsvollen Revierbewirtschaftung sorgfältig aufeinander abgestimmt werden müssen.

DIE FOLGE

Eine dauerhaft unausgewogene Bejagung, bei der männliches Rehwild überproportional entnommen wird, hat tiefgreifende Auswirkungen auf die Populationsdynamik. Das Ungleichgewicht im Geschlechterverhältnis verändert nicht nur die Sozialstruktur, sondern beeinflusst auch indirekt die ökologische Rolle des Rehwildes im Lebensraum. In Revieren mit einem deutlichen Überhang an weiblichen Stücken sinkt der Fortpflanzungsdruck für die einzelnen Böcke. Der Selektionsfaktor, der in ausgeglichenen Populationen durch Konkurrenz entsteht, wird abgeschwächt. Dies kann langfristig dazu führen, dass auch Böcke geringerer körperlicher Kondition oder mit schwächeren genetischen Anlagen am Fortpflanzungsgeschehen beteiligt sind. Wildbiologisch betrachtet, mindert dies den Effekt der natürlichen Auslese.
Zudem kann eine unausgeglichene Struktur das Paarungsverhalten verändern. Ricken, die nicht in der Hauptbrunft gedeckt werden, kommen unter Umständen in eine Nachbrunft, die mehrere Wochen später stattfindet. Diese zeitliche Verschiebung kann dazu führen, dass Kitze im Folgejahr später gesetzt werden, beispielsweise im Sommer, was ihnen weniger Zeit lässt, sich auf den Winter bzw. die äsungsarme Zeit vorzubereiten. Für das Reviermanagement ergibt sich daraus die Notwendigkeit, nicht nur auf die Abschusszahlen zu achten, sondern diese im Kontext der Populationsstruktur zu betrachten. Ein ausgeglichenes Geschlechterverhältnis unterstützt eine konzentrierte Brunft, erhält die genetische

Vielfalt und sorgt dafür, dass die Altersstruktur des Bestandes stabil bleibt. Damit wird ein biologisch gesunder Rehwildbestand gefördert.

DIE LÖSUNG

Ein ausgewogenes Geschlechterverhältnis ist daher nicht nur wildbiologisch sinnvoll, sondern auch jagdpraktisch notwendig. Um dieses Ziel zu erreichen, braucht es eine klare Strategie und den Mut zur Umsetzung. Der Schlüssel liegt in der frühzeitigen und zielgerichteten Bejagung des weiblichen Rehwildes, und zwar in drei Phasen:

- **Phase 1: Mai bis Mitte Juni** – Bejagung von Schmalrehen. In dieser Zeit sind sie besonders gut anzusprechen und sicher von Ricken zu unterscheiden. Wer hier aktiv wird, leistet einen enorm wichtigen Beitrag zur Ausgeglichenheit des Geschlechterverhältnisses.
- **Phase 2: Ab 1. September** – Bejagung der Kitz-Ricken-Einheit. Ab 1. September öffnet sich das Zeitfenster für die Bejagung der Kitze und Ricken. Hierbei ist es mir wichtig zu erwähnen, dass auch wenn Ricken ab 1.9. Jagdzeit haben, dies kein Freibrief ist, nicht mehr ansprechen zu müssen. Auch wenn die Kitze nun selbstständig Nahrung aufnehmen und lediglich der sozialen Bindung wegen noch gelegentlich gesäugt werden, folgen sie dennoch bis zum Setzen der nächsten Kitze im Folgejahr ihrer Mutter. Es gilt: Zuerst werden die Kitze erlegt, erst dann darf die Ricke bejagt werden. Das ist nicht nur waidgerechte Pflicht, sondern auch biologisch sinnvoll – denn die Kitze sind jetzt selbstständig, folgen ihrer Mutter aber weiterhin und würden ohne sie allein im Revier zurückbleiben. Ein Abschuss der Ricke ohne vorherige

Sind die Böcke in der Minderheit, kommen in der Brunft häufig auch jüngere bzw. schwache Böcke zum Zug.

Mai und Juni sollten genutzt werden, um schwache Jährlinge und vor allem Schmalrehe zu erbeuten.

Schmalrehe und führende Ricken sind im Sommer häufig nicht mehr sicher anzusprechen.

Entnahme der Kitze ist daher kein vertretbares Vorgehen. Idealerweise wird die Chance genutzt, beide Stücke eng nacheinander zu erlegen. Eine solche Dublette, bei der erst das Kitz/die Kitze erlegt werden und unmittelbar danach die Ricke, wirkt nicht nur besonders positiv im Hinblick auf ein ausgewogenenes Geschlechterverhältnis, sondern ist auch ein Zeichen für umsichtiges, verantwortungsbewusstes Waidwerk.

— **Phase 3: Spätherbst/Winter** – gezielte Bejagung, falls noch weiblicher Abschuss offen ist. Spätherbst und Winter sind für das Rehwild eine sensible Zeit. Als Wiederkäuer ist es nun besonders auf Ruhe angewiesen, um die knappen Energiereserven zu schonen. Jede unnötige Störung zwingt das Wild zu vermehrter Bewegung und erhöht den Energieverbrauch, der in der kargen Jahreszeit nur schwer wieder ausgeglichen werden kann. Jagd in dieser Phase muss daher mit großer Rücksicht und Zurückhaltung erfolgen. Kurze, gezielte Ansitze an geeigneten Plätzen sind einer intensiven Revierbeunruhigung unbedingt vorzuziehen. Längere Pirschgänge, häufige Standortwechsel oder gar Treiben sollten in dieser Zeit unterbleiben. Wer die Winterruhe des Rehwildes respektiert, betreibt nicht nur waidgerechte Jagd, sondern sichert auch, dass die Stücke in guter Kondition ins Frühjahr gehen. Eine ruhige Hand, bedachtes Handeln und der Verzicht auf übermäßige Störung sind jetzt das oberste Gebot.

TABU: SCHMALREHE BEI DER BLATTJAGD

Während der Blattjagd sollte unbedingt darauf verzichtet werden, Schmalrehe zu erlegen. In dieser Zeit ist die Unterscheidung zwischen einem Schmalreh und einer Ricke oft mit erheblichen Unsicherheiten verbunden. Das Gesäuge der Ricke hat sich meist

Zur Zeit der Brunft sind Kitze häufig über längere Zeit auch allein unterwegs.

schon deutlich zurückgebildet, sodass es kaum noch als sicheres Erkennungsmerkmal dient. Hinzu kommt, dass Schmalrehe und Ricken während der Blattjagd so gut wie nie gemeinsam auftreten. Selbst im Offenland ist ein direktes Nebeneinander nur in sehr seltenen Fällen zu beobachten.
Erschwerend kommt hinzu, dass Ricken in dieser Zeit oft ohne ihre Kitze erscheinen. Dies bedeutet, dass man beim Anblick eines einzelnen weiblichen Stückes in den allermeisten Fällen nicht sicher sagen kann, ob es sich um ein Schmalreh oder um eine führende Ricke handelt. Genau wie bei einem zustehenden Rehbock bleibt häufig nur ein schmales Zeitfenster, um eine Entscheidung zu treffen, und dieses birgt ein hohes Risiko für eine Fehlansprache. Aus diesen Gründen ist es waidgerecht und verantwortungsvoll, während der Blattjagd auf die Bejagung von Schmalrehen vollständig zu verzichten und sich stattdessen auf die sichere Ansprache zu einem späteren Zeitpunkt der Jagdsaison zu konzentrieren.

SELEKTION WEIBLICHER STÜCKE

Die Bejagung weiblichen Rehwildes erfordert mehr Erfahrung, mehr Zeit und mehr Disziplin. Doch genau hier liegt die jagdliche Verantwortung. Wer sich dieser Aufgabe stellt, fördert nicht nur ein ausgewogenes Bild des Rehwildbestandes, sondern sorgt langfristig für zügig funktionierende Brunft, was zu frühen Setzterminen führt und meist besseren Wildbretgewichten. Wer seinen weiblichen Rehwildbestand professionell bewirtschaften möchte, muss bei jeder Entscheidung über die Entnahme eines Stückes die langfristige Entwicklung des Reviers im Blick behalten. Dabei spielen neben Alter auch Veranlagung, Kondition und Wildbretgewicht eine entscheidende Rolle. Erfahrene Jäger wissen, dass nicht jedes weibliche Stück gleichermaßen zur Verbesserung der Rehwildpopulation beiträgt. Ricken oder Schmalrehe in guter körperlicher Verfassung, mit kräftigem Körperbau

Die selektive Bejagung von weiblichem Rehwild steht häufig nicht im Vordergrund. Dabei ist sie sehr wichtig für eine vernünftige Bewirtschaftung des Bestandes.

Ricken, die regelmäßig starke Kitze führen, sollten geschont werden.

und hohem Wildbretgewicht, sind in der Lage, starke und vitale Kitze zu setzen und aufzuziehen. Diese Stücke bilden das Fundament für einen starken und stabilen Bestand. Schwächere, schlecht veranlagte oder deutlich untergewichtige Stücke hingegen setzen oft weniger vitale Kitze oder haben eine geringere Aufzuchtleistung.
Der Fokus auf das Wildbretgewicht bei der Entnahme von weiblichen Stücken ist deshalb von zentraler Bedeutung. Wer regelmäßig erlegtes Wild wiegt und sich die Gewichte notiert, erkennt schnell, welche Stücke im Revier zu den leichten und weniger kräftigen zählen. In Gebieten mit hoher Wilddichte, sollte allerdings erst reduziert und im Anschluss selektiert werden, um den Ricken mehr Raum und Ressourcen zu lassen. So wird nicht nur die genetische Qualität, sondern auch die körperliche Fitness der Population gefördert. Auch das Verhalten der weiblichen Stücke liefert wertvolle Hinweise. Eine Ricke, die früh im Jahr ein gut entwickeltes Kitz zeigt, es aufmerksam führt und energisch verteidigt, deutet auf eine stabile körperliche Verfassung und eine ausgeprägte Mutterrolle hin. Solche Stücke sind für den Bestand besonders wertvoll und sollten, wenn möglich, geschont werden. Schwache oder auffällig passive Ricken hingegen erfüllen diese Aufgabe nur eingeschränkt und sind für eine frühzeitige Entnahme geeigneter.
Die Berücksichtigung dieser Faktoren erfordert Geduld und genaue Beobachtung über die gesamte Vegetationsperiode hinweg. Regelmäßige Ansitze, der Einsatz von Wildkameras und das Führen detaillierter Aufzeichnungen helfen, die Kondition und das Wildbretgewicht einzelner Stücke einzuschätzen. Wer sich diese Arbeit macht, wird langfristig mit einer gesunden, stabilen und leistungsfähigen Rehwildpopulation belohnt, die auch in schwierigen Jahren ausreichend vitale Kitze hervorbringt.

REHBOCKBEJAGUNG VOR DER BLATTZEIT

Wer sein Revier gezielt auf die Blattjagd ausrichtet, verfolgt in der Regel das Ziel, den Großteil seines Bockabschusses während der eigentlichen Blattzeit zu tätigen. In dieser

Richtet der Jäger sein Revier nach der Blattzeit aus, sind solche Strecken durchaus möglich.

Kommen zwei gleich starke Rehböcke in derselben Revierecke vor, kommt es häufig zu Auseinandersetzungen und damit Stress.

Phase ist die Bockjagd besonders reizvoll und bietet aufgrund der nun bekannten Besonderheiten der Blattjagd oft spektakuläre Erlebnisse. Dennoch gibt es Situationen, in denen es jagdlich sinnvoll und aus wildbiologischer Sicht vorteilhaft sein kann, bereits vor der Blattzeit gezielt einzelne Böcke zu entnehmen. Ein solcher Fall liegt beispielsweise dann vor, wenn in einem Revierabschnitt zwei Böcke von annähernd gleichem Alter und vergleichbarer Stärke in unmittelbarer Nachbarschaft zueinander stehen. Diese Konstellation führt häufig zu wiederholten und teils intensiven Revierkämpfen. Die Böcke investieren viel Energie in das Vertreiben des Rivalen, sichern ständig ihr Gebiet und stehen unter permanentem Konkurrenzdruck. Dieser Stress wirkt sich nicht nur auf ihr Verhalten, sondern auch auf ihre körperliche Entwicklung aus. Ein Bock, der fortwährend gezwungen ist, seine Reviergrenzen zu verteidigen, hat weniger Zeit und Ruhe für die Nahrungsaufnahme und kann seine Kräfte nicht schonen.

RIVALEN ENTNEHMEN

Entscheidet man sich in einer solchen Situation dazu, einen der beiden Böcke vor der Blattzeit zu erlegen, kann der verbleibende Rehbock in seinem Territorium deutlich entspannter agieren. Ohne den ständigen Druck eines gleich starken Rivalen kann er seine Energie in den Ausbau seiner körperlichen Kondition und in die Entwicklung des Gehörns investieren. Dies wirkt sich langfristig positiv auf die Trophäenqualität aus und sorgt gleichzeitig für weniger Fallwild bei den Böcken, denn auch Forkelverletzungen können tödlich enden.
Neben dieser Konstellation gibt es auch andere Gründe, einen Bock bereits im Mai zu entnehmen. Dazu zählen beispielsweise ältere, körperlich schwache oder krank wirkende Böcke, deren Erhalt im Bestand aus wildbiologischer und ethischer Sicht nicht sinnvoll ist. Schwach veranlagte junge Böcke, bei denen eine positive Entwicklung nicht zu erwarten ist, können in dieser frühen Phase ebenfalls entnommen werden, um Raum für stärkere Nachwuchsböcke zu schaffen. Auch die Wildbretgewinnung zu Beginn des Jagdjahres ist ein legitimer Grund der frühen Rehbockbejagung. Die Entscheidung, einen Bock vor der Blattzeit zu erlegen, sollte jedoch immer wohlüberlegt und auf Grundlage einer soliden Begründung erfolgen.

Solch schwache Knopfböcke können guten Gewissens über die gesamte Jagdzeit erlegt werden.

AUSRÜSTUNG UND VORBEREITUNG

BLATTJAGDAUSRÜSTUNG

Eine gute Vorbereitung beginnt lange vor dem eigentlichen Ansitz. Neben zahlreicher Tätigkeiten im Revier umfasst sie vor allem die Wahl der richtigen Ausrüstung sowie das Trainieren des Umgangs mit den gewählten Ausrüstungsgegenständen.

Damit bei der Blattjagd alles rund läuft, muss der Jäger die passende Ausrüstung wählen.

Dabei gilt es, sämtliche Elemente so aufeinander abzustimmen, dass sie während der Jagd eine Einheit bilden und reibungslos ineinandergreifen. Die Wahl des Blattjagdstandes spielt eine entscheidende Rolle. Dabei müssen nicht nur die Einstände des Rehwildes berücksichtigt werden, sondern auch Faktoren wie Windrichtung, Deckung, Schussfeld und die Möglichkeit eines unauffälligen Auf- und Abbaumens sollten stets im Auge behalten werden. Ein sorgfältig ausgewählter Standort kann den Unterschied zwischen einem spannenden Blattjagderlebnis und einer vergeblichen Stunde auf dem Stand ausmachen. Ebenso wichtig ist es, den Stand so vorzubereiten, dass er für das Wild unauffällig wirkt. Natürliche Strukturen wie Hecken, Büsche oder Waldränder können hierbei ebenso hilfreich sein wie gezielt eingebrachte Tarnung.
Eine gut abgestimmte Kombination aus Bekleidung, Optik, Munition und Hilfsmitteln sorgt dafür, dass der Jäger jederzeit einsatzbereit ist – sei es für den schnellen Schuss auf kurze Distanz oder für das präzise Ansprechen auf weitere Entfernung. Darüber hinaus kann die passende Ausrüstung wesentlich dazu beitragen, den eigenen Komfort während oft mehrstündiger Ansitze zu sichern, was wiederum die Konzentrationsfähigkeit erhöht. Wer vorbereitet und vollständig ausgestattet ins

Revier geht, minimiert nicht nur das Risiko von Fehlentscheidungen, sondern steigert auch die Chancen, im entscheidenden Moment ruhig, präzise und erfolgreich zu agieren. Auch die geistige Einstellung des Jägers spielt bei der Blattjagd eine wichtige Rolle. Die Blattjagd ist keine Jagdform, die zwingend schnellen Erfolg verspricht. Sie erfordert ebenso Geduld, Ausdauer und die Bereitschaft, aus jedem Ansitz zu lernen. Wer diese Eigenschaften mit einer sorgfältigen Ausrüstungsauswahl kombiniert, legt den Grundstein für eine erlebnisreiche Blattjagd.

Die Wahl von Waffe, Optik und Munition ist ein zentraler Baustein für den Erfolg bei der Blattjagd. Anders als bei mancher Ansitzjagd entscheidet hier in der Regel nicht die Schießfertigkeit auf weite Distanzen, sondern die Fähigkeit, auch unter Anspannung und in kürzester Zeit einen präzisen Schuss anzutragen. Dies erfordert eine Ausrüstung, die optimal auf die besonderen Anforderungen dieser Jagdart abgestimmt ist und mit welcher der Jäger blitzschnell reagieren kann.

Vor Beginn der Blattjagd sollte die Büchse nicht nur auf die übliche Entfernung kontrolliert werden, sondern auch gezielt auf kurze Distanzen probegeschossen werden. Bei dieser Jagdart kommt es nicht selten vor, dass der Rehbock bis auf wenige Meter zusteht. Entfernungen von etwa zehn bis fünfzehn Metern sind keine Seltenheit und verlangen vom Schützen ein genaues Wissen darüber, wie seine Waffe auf solch kurzen Distanzen schießt. Wer seine Büchse beispielsweise auf hundert Meter auf GEE eingeschossen hat, hat in der Regel den ersten Fleckschuss bei etwa vierzig bis fünfzig Metern. Wird jedoch auf fünfzehn Meter Fleck gehalten, trifft die Kugel definitiv tiefer als gewünscht. Dieser Tiefschuss kann im ungünstigsten Fall dazu führen, dass ein hoher Vorderlaufschuss angetragen wird, was oft eine schwierige und unter Umständen langwierige Nachsuche nach sich zieht. Der Probeschuss vor der Jagd verhindert Tierleid und ist Pflicht für den verantwortungsbewussten Jäger.

Bei der Blattjagd wird häufig auf kurze Distanz geschossen. Die Treffpunktlage sollte deshalb im Vorfeld kontrolliert werden.

DIE BÜCHSE

Die Wahl der richtigen Büchse für die Blattjagd ist ein wesentlicher Baustein für jagdlichen Erfolg und sollte stets unter praktischen Gesichtspunkten erfolgen. Zwar bietet der Markt eine schier unüberschaubare Auswahl an Modellen, Herstellern und Designs, doch sind Aussehen oder Markenname zweitrangig. Viel entscheidender ist, dass der Jäger seine Waffe sicher und intuitiv bedienen kann. Eine Büchse, mit der man über viele Übungsschüsse hinweg vertraut ist, wird im entscheidenden Augenblick mehr Sicherheit und Präzision bieten als ein technisch perfektes, aber ungewohntes Modell. Für die Blattjagd, die oft in beengten Verhältnissen und unter Zeitdruck stattfindet, eignen sich vor allem führige, gut ausbalancierte Büchsen in gängigen Rehwild- sowie Hochwildkaliber. Besonders vorteilhaft sind leichte, kurze Repetierer oder Kipplaufbüchsen, die ein Agieren auf engem Raum ermöglichen. Eine ausgewogene Balance unterstützt den sauberen und schnellen Anschlag, was wichtig ist, wenn der Rehbock für nur wenige Sekunden verhofft.

In der heutigen Zeit, in der Schalldämpfer in vielen Regionen zum jagdlichen Standard gehören, empfiehlt sich die Wahl einer etwas kürzeren Lauflänge. So bleibt die Büchse auch mit Schalldämpfer handlich und lässt sich im Tarnschirm oder hinter dichterem Bewuchs sicher führen. Die Reduzierung des Gesamtgewichts und der Gesamtlänge erleichtert zudem das schnelle In-Anschlag-Gehen, ohne zu ermüden. Gerade in Zeiten, in denen sich immer mehr Frauen für die Jagd begeistern, ein nicht zu unterschätzender Punkt. Ebenso wichtig ist die sichere Handhabung aller Bedienelemente, wie beispielsweise Sicherung, Verschluss und Abzug. Diese sollten vom Schützen ohne Nachdenken und in jeder Schießposition zuverlässig zu betätigen sein. Gerade bei der Blattjagd kann der Moment zwischen dem Erscheinen des Bockes und der Schussabgabe nur wenige Augenblicke dauern.

Da häufig in beengten Ansitzen geblattet wird, sollte auf eine kurze, führige Büchse zurückgegriffen werden.

Der Autor setzt bei der Blattjagd auf einen Geradezugrepetierer.

Wer dann erst nach der richtigen Handbewegung sucht oder unbewusst zu grob arbeitet, riskiert unnötige Geräusche oder Bewegungen, die den Bock misstrauisch machen und im schlimmsten Fall zum Abspringen bringen. Letztlich ist die beste Büchse für die Blattjagd diejenige, die perfekt zum Schützen passt, mit deren Handhabung er vertraut ist und die sich in der jagdlichen Praxis bewährt hat. Wer mit seiner Waffe regelmäßig trainiert, entwickelt das nötige Vertrauen ins eigene Können und kann im entscheidenden Moment ruhig und präzise agieren. Diese Verbindung aus Routine, Handlichkeit und passender Technik ist der Schlüssel für waidgerechte und erfolgreiche Schüsse auf der Blattjagd.

SCHALLDÄMPFER UND LAUFLÄNGE

Der Schalldämpfer hat sich in der modernen Jagd und so auch bei der Blattjagd für viele Jäger als fester Bestandteil etabliert. Seine Vorteile sind vielseitig und gehen weit über den reinen Schutz des Gehörs hinaus. Durch die deutliche Reduktion des Mündungsknalls wird nicht nur das Gehör des Jägers, sondern auch das des möglicherweise mitgeführten Jagdhundes geschont. Darüber hinaus mindert der Schalldämpfer den Rückstoß spürbar, was sich bei zahlreichen Schützen in besseren Schießleistungen niederschlägt.
Ein Mucken im Moment der Schussabgabe ist häufig auf die Angst vor dem Rückstoß und dem lauten Schussknall zurückzuführen. Weiterer Vorteil: Der leisere Schuss wird vom Wild häufig weniger stark mit der

BERUFSJÄGERTIPP: WAFFENWAHL

Ich nutze seit vielen Jahren den Geradezugrepetierer Blaser R8 Luxus. Diese Büchse führe ich bereits seit über zehn Jahren im In- und Ausland. Von Fuchs bis Rothirsch, auf Ansitz, Pirsch und Drückjagd bin ich im Umgang mit dieser Büchse absolut sicher und vertraut, was ich als entscheidenden Vorteil empfinde.

Ist die Waffe mit einem Schalldämpfer ausgestattet, schont dies das Gehör des Schützen und ebenso des möglicherweise begleitenden Jagdhundes.

BERUFSJÄGERTIPP: SCHALLDÄMPFERWAHL

An meinem Geradezugrepetierer nutze ich einen Schalldämpfer der Marke Hausken. Es handelt sich um das Modell JD 224. Dieser Dämpfer ist ist für mich der gelungene Kompromiss zwischen Baulänge und Dämpfungsleistung.

Auch der Autor rüstet seine Büchse bei der Jagd mit einem Schalldämpfer aus.

Position des Jägers in Verbindung gebracht, was die Chance auf weiteren Anblick erhöhen kann. Auch das direkte Umfeld bleibt ruhiger, was besonders in Jagdrevieren von Vorteil ist, welche stark von Waldbesuchern frequentiert sind. Da die Blattjagd auch außerhalb der Dämmerungsphasen stattfinden kann, ist dies ein nicht zu unterschätzender Vorteil! Allerdings verlängert der montierte Schalldämpfer die Gesamtlänge der Büchse, je nach Modell, teils erheblich. Um dennoch eine gute Führigkeit der Waffe zu gewährleisten, hat sich eine Lauflänge von etwa 50 bis 52 Zentimetern bei Standardkalibern in der Praxis bewährt. So bleibt die Waffe trotz montiertem Dämpfer kompakt und lässt sich auch in beengten jagdlichen Situationen sicher und leise handhaben. Gleichzeitig entstehen bei dieser Lauflänge keine nennenswerten ballistischen Einbußen, sodass Präzision und Wirkung auf jagdlich relevante Distanzen unverändert wirkungsvoll bleiben. In Kombination mit einer passenden Lauflänge, einer guten Balance und einer routinierten Handhabung trägt der Schalldämpfer entscheidend dazu bei, die Blattjagd effizienter, sicherer und zugleich schonender für Mensch, Hund und Wild zu gestalten.

KALIBERWAHL

Die Wahl des Kalibers für die Blattjagd wird unter Jägern seit jeher teils intensiv diskutiert. Manche sehen darin eine reine Geschmacksfrage, andere messen ihr eine zentrale Bedeutung bei. In der Praxis zeigt sich, dass beides zutrifft. Das Kaliber allein entscheidet nicht über jagdlichen Erfolg oder Misserfolg, wohl aber kann es die Effizienz und Sicherheit der Jagd beeinflussen. Klassische Rehwildkaliber wie .222 Remington, .223 Remington oder .243 Winchester haben sich seit Jahrzehnten bewährt, da sie präzise, rückstoßarm und für das wildbretschonende Erlegen von Rehböcken bestens geeignet sind. Gerade bei der Blattjagd, wo oft nur kurze Schussfenster bestehen, ist ein Kaliber von Vorteil, das schnelles und sauberes Treffen ermöglicht. Kleine, schnelle Geschosse wie bei klassischen Rehwildkalibern ermöglichen punktgenaue Schüsse, erfordern aber eine präzise Trefferlage, um ihre Wirkung optimal zu entfalten. Größere Kaliber wie .308 Winchester, 7 x 57 oder 7 x 64 bieten mehr Energie und damit Reserven. Sollte die Kugel mal nicht dort sitzen, wo sie hin soll, ist dies ein entscheidender Vorteil. Auch in Revieren, in denen regelmäßig Schwarz- oder Rotwild vorkommt, sollte über die Wahl eines hochwildtauglichen Kalibers bei der Blattjagd nachgedacht werden. In zahlreichen Bundesländern hat Rotwild ab dem 1. August Jagdzeit, sodass eine solche Kaliberwahl den Handlungsspielraum des Jägers erweitert und unerwartete Chancen verwertbar macht.

Ein häufig unterschätzter Aspekt ist die psychologische Komponente. Der Jäger sollte mit seinem Kaliber vollkommen vertraut sein und es mit Selbstverständlichkeit führen. Nur wer den Rückstoß, das Schussverhalten und die ballistischen Eigenschaften seiner Waffe und des gewählten Kalibers genau kennt, wird in den oft sehr kurzen Momenten der Blattjagd sicher treffen. In diesem Punkt ist es tatsächlich eher eine Frage der persönlichen Vorliebe und Erfahrung als eine rein technische Entscheidung.

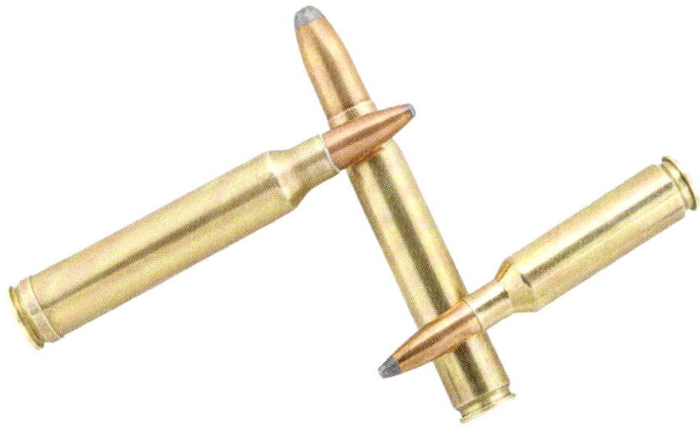

Die Palette an verfügbaren Kalibern ist sehr groß. Dem einen oder anderen Jäger fällt die Wahl da schwer.

In Revieren, wo regelmäßig auch Hochwild vorkommt, sollte ein dafür geeignetes Kaliber gewählt werden.

Der Autor nutzt das Kaliber .30-06.

Aus wildbrethygienischer Sicht ist es sinnvoll, ein Kaliber zu wählen, welches bei typischen Schussdistanzen im Rahmen der Blattjagd zuverlässig Ausschuss liefert, ohne unnötig großen Gewebeschaden zu verursachen. Hier punkten vor allem die mittleren Kaliberbereiche, da sie eine gute Balance zwischen Wirkung und Schonung bieten. Darüber hinaus spielt die Munitionswahl eine große Rolle. Ein passendes Geschoss kann den entscheidenden Unterschied ausmachen, ob ein Kaliber in der Praxis als ideal empfunden wird oder nicht.

BERUFSJÄGERTIPP: KALIBERWAHL

Als gutes Allroundkaliber mit ausreichend Reserven auch bei stärkerem Wild nutze ich die .30-06. Zum Zeitpunkt, als ich damals meine Waffe kaufte, durften noch keine Schalldämpfer bei der Jagd verwendet werden, weshalb ich heute andere Punkte mit in die Kaliberwahl einfließen ließe. Heute würde ich ein Allroundkaliber wählen, welches besser mit kurzen Läufen zurechtkommt, wie z. B. die .308 Win. So bleibt die Büchse trotz Schalldämpfer kürzer in ihrer Gesamtlänge und somit ein Stück weit führiger.

MUNITION

Die Wahl der Munition spielt bei der Blattjagd eine zentrale Rolle, weit über die reine Aufgabe hinaus, das Rehwild sicher zu erlegen. Sie entscheidet nicht nur darüber, ob der Bock schnell und tierschutzgerecht verendet, sondern hat ebenso großen Einfluss auf die spätere Verwertbarkeit des Wildbrets. Da die Blattjagd in der Regel in den Sommermonaten stattfindet und das erlegte Wild unmittelbar der Nahrungsmittelkette zugeführt wird, ist ein möglichst schonender Schuss von hoher Bedeutung. Ziel ist eine zuverlässige Wirkung im Wildkörper, die ein schnelles Verenden sicherstellt, dabei aber unnötige Wildbretverluste vermeidet. Vor allem bei körperlich schwachen Wildarten, wie beispielsweise dem Rehwild, kommt es darauf an, dass die Munition ihre Energie kontrolliert abgibt. Hochwertige Deformationsgeschosse oder Teilzerlegungsgeschosse haben sich dabei in der Praxis vielfach bewährt. Sie verbinden zuverlässige Expansion mit einer gleichmäßigen Energieabgabe, wodurch Hämatome minimiert werden können. Dies ist besonders dann entscheidend, wenn der Schuss auf kurze Distanz fällt, wie es bei der Blattjagd häufig der Fall ist.

Bei der Diskussion um bleifreie oder bleihaltige Munition stellt man bei nüchterner Betrachtung rasch fest, dass bleifreie Geschosse jagdpraktisch kaum einen echten Vorteil gegenüber bleihaltigen bieten, sofern man nicht der Überzeugung ist, dass das Wildbret dadurch grundsätzlich weniger mit Schadstoffen belastet wird. Aus ballistischer Sicht erfüllen hochwertige bleihaltige Deformations- oder Teilzerlegungsgeschosse seit Jahrzehnten zuverlässig alle jagdlichen Anforderungen. Sie verbinden eine sichere und frühe Expansion mit hoher Präzision und verlässlicher Wirkung, auch auf kurze Distanzen, wie sie bei der Blattjagd typisch sind. Bleifreie Alternativen hingegen sind technisch auf einem hohen Niveau, müssen sich jedoch in der Praxis stets an diesen bewährten Eigenschaften messen lassen. Ihr wesentlicher Vorteil wird im geringeren Bleianteil im Wildbret gesehen, was für manchen Jäger aus gesundheitlichen oder imagebezogenen Gründen relevant ist. In allen anderen jagdlichen Parametern entscheidet weniger die Frage, ob ein Geschoss bleifrei oder bleihaltig ist, sondern vielmehr dessen Qualität, die Anpassung an die jagdliche Situation sowie die Abstimmung auf Kaliber und Waffe. In einigen Bundesländern ist die Nutzung bleifreier Büchsengeschosse bei der Jagd mittlerweile vorgeschrieben. Hier hat der Jäger deshalb keine Wahl. Vor der Jagd sollte man sich deshalb stets mit den rechtlichen Rahmenbedingungen vertraut machen.

Ob bleifreie Munition genutzt wird oder nicht, hängt mittlerweile häufig auch von der gesetzlichen Situation ab.

Bei der Auswahl der Munition kommt es vor allem auf das Geschoss an, welches gut wirken soll.

Entscheidend ist deshalb, die Munition nicht allein aufgrund theoretischer Daten auszuwählen, sondern das konkrete Geschossverhalten zu kennen. Neben der Geschosskonstruktion spielt auch die Abstimmung auf das Kaliber und die Waffe eine große Rolle. Nicht jedes Geschoss harmoniert gleich gut mit jeder Lauflänge oder Dralllänge, was sich direkt auf die Präzision auswirkt. Ein weiterer Aspekt ist die jagdethische Verantwortung. Die richtige Munitionswahl ermöglicht nicht nur waidgerechtes Jagen, sondern erleichtert im Fall einer notwendigen Nachsuche die Arbeit des Jagdhundes, da ein sicherer Ausschuss mit klaren Pirschzeichen die Nachverfolgung erheblich erleichtert. Wer hier bedachtlos wählt, riskiert nicht nur längere Fluchten des Wildes, sondern auch einen unnötig

Solch einen Anschuss wünscht sich jeder Jäger. Das Stück liegt unweit des Anschusses.

hohen Aufwand bei der Nachsuche und eine mindere Wildbretqualität.
Zusammengefasst lässt sich sagen, dass die Munitionswahl ein wesentlicher Bestandteil ist. Ein erfahrener Jäger wird nicht allein auf Kaliber oder Herstellerangaben vertrauen, sondern die Eigenschaften seiner Munition genau kennen und sie auf die jagdlichen Gegebenheiten abstimmen. So wird sichergestellt, dass jeder Schuss die bestmögliche Wirkung erzielt, das Wildbret in hoher Qualität erhalten bleibt und die Jagd im Einklang mit tierschutzrechtlichen Grundsätzen ausgeführt wird.

OPTIK: SEHFELD UND LICHTSTÄRKE ENTSCHEIDEND

Die Wahl des Zielfernrohrs spielt bei der Blattjagd eine zentrale Rolle. Anders als bei der klassischen Ansitzjagd auf größere Distanzen entscheidet hier oft der Bruchteil einer Sekunde darüber, ob der Schuss präzise angetragen werden kann. Deshalb sollte die Optik auf die speziellen Anforderungen dieser Jagdart abgestimmt sein. Ein besonders großes Sehfeld ist dabei von entscheidendem Vorteil, weil es ermöglicht, den Bock auch dann schnell ins Glas zu bekommen, wenn er unerwartet nah erscheint oder aus einer nicht vorhergesehenen Richtung zusteht. Zielfernrohre mit variabler Vergrößerung, die schon bei 1-fach oder 1,5-fach beginnen, sind bestens geeignet. Sie bieten zunächst eine hervorragende Übersicht und erlauben anschließend das stufenweise Heranzoomen, wenn die Situation es erfordert. Besonders bewährt haben sich dafür moderne Drückjagdgläser mit Vergrößerungsbereichen von etwa 1–6 oder 1,5–8, die genügend Flexibilität für unterschiedliche Entfernungen und Szenarien bieten.
Obwohl die Blattjagd ausschließlich bei Tageslicht ausgeübt wird, spielt die Qualität der Optik eine wesentliche Rolle. Schon dichter Einstand oder eine beschattete Schneise kann dafür sorgen, dass das Lichtniveau überraschend stark absinkt. Eine hohe Lichttransmission sowie ein starker Kontrast stellen sicher, dass auch in solchen Situationen alle wichtigen Details des Wild-

körpers für den Schützen klar zu erkennen sind und so das Ansprechen zuverlässig gelingt. Ein weiteres zentrales Qualitätsmerkmal guter Zielfernrohre ist die gleichmäßige Bildschärfe bis an den Rand. Oft taucht der Bock nicht direkt in der Bildmitte auf, sondern zögert erst am Rand des Gesichtsfelds. Eine hohe Randschärfe ermöglicht es, den Bock auch dann sauber ins Bild zu bekommen und präzise anzusprechen. Unterstützt wird dies durch ein fein gezeichnetes Absehen, das auch kleine Zielpartien sicher erfassen lässt.
Obwohl die Blattjagd ausschließlich bei Tageslicht ausgeübt wird, können sich die Lichtverhältnisse rasch ändern. Ein dimmbarer Leuchtpunkt ist in solchen Situationen ein äußerst praktisches Hilfsmittel, um das Absehen jederzeit optimal anpassen zu können. Das Leuchtabsehen sollte sich so weit herunterregeln lassen, dass es in der Dämmerung nicht überstrahlt oder verschwimmt, gleichzeitig aber auch bei hellem Tageslicht deutlich sichtbar bleibt. Dadurch behält der Jäger stets einen klaren Zielpunkt, unabhängig davon, ob er im Schatten einer Schneise oder auf einer sonnigen Lichtung steht.
Neben diesen optischen Aspekten ist die mechanische Qualität einer Zieloptik ein häufig unterschätztes Kriterium. Beispielsweise eine leichtgängige sowie spielfreie Vergrößerungsverstellung wird benötigt, damit in unvorhergesehenen Momenten schnell reagiert werden kann, ohne wertvolle Zeit zu verlieren oder die Waffe unnötig stark zu bewegen. Zusammengefasst sollte die Blattjagd-Optik also eine ausgewogene Kombination aus großem Sehfeld, gutem Kontrast, klarer Randschärfe und einem fein dimmbaren Leuchtabsehen, gepaart mit einer robusten, präzise arbeitenden Mechanik bieten. Diese Faktoren tragen maßgeblich dazu bei, den Bock im entscheidenden Augenblick sicher anzusprechen und mit sauberer Kugel erlegen zu können.

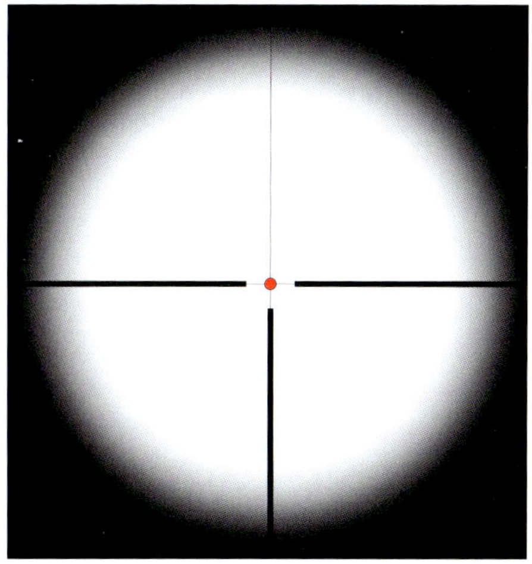

Leuchtabsehen erleichtern das rasche Erfassen des Ziels.

Drückjagdoptiken mit einem großen Sehfeld eignen sich hervorragend für den Einsatz bei der Blattjagd.

Der Kontrollschuss vor dem Beginn der Blattzeit sollte für jeden Jäger selbstverständlich sein.

Kontrollierte Präzision

Die Ansprüche an die Präzision einer Jagdwaffe sind besonders hoch, da ein kleiner Fehler schnell zu einem zu tiefen Schuss führen kann, was unnötiges Leid für das Wild und eine aufwendige Nachsuche nach sich zieht. Der Kontrollschuss kurz vor Beginn der Blattzeit ist daher nicht bloß eine Empfehlung, sondern er sollte für jeden Jäger selbstverständlich sein. Er liefert die Gewissheit, dass Büchse, Optik und Munition exakt zusammenarbeiten und die Treffpunktlage auch tatsächlich dort liegt, wo man sie braucht. Diese Kontrolle sorgt darüber hinaus für Vertrauen in die eigene Ausrüstung. Ein Faktor, der im entscheidenden Moment häufig unterschätzt wird. Gerade unter Anspannung und in der Hektik der Blattjagd, ist es von enormer Bedeutung, dass der Jäger instinktiv sicher handelt.
Ein ebenso wichtiger Punkt ist die Tatsache, dass selbst die beste technische Ausrüstung immer nur so gut sein kann wie derjenige, der sie führt. Hochwertige Zielfernrohre, exzellente Büchsen oder hochwirksame Munition nützen wenig, wenn der Schütze nicht in der Lage ist, sie im entscheidenden Augenblick ruhig und präzise einzusetzen. Deshalb gehört es zu einer verantwortungsvollen Vorbereitung, regelmäßig zu trainieren – am besten auf unterschiedliche Distanzen und unter wechselnden Bedingungen. Wer wiederholt Schüsse aus freier Hand, vom Pirschstock oder aus ungewöhnlichen Anschlagpositionen übt, stärkt die Sicherheit im Umgang mit der eigenen Waffe und minimiert die Gefahr von Fehlschüssen oder Krankschüssen erheblich. Dieses Training schafft Routine, baut Nervosität ab und sorgt dafür, dass Bewegungsabläufe im entscheidenden Moment automatisch und kontrolliert ablaufen. Am Ende entscheidet nicht nur die Ausrüstung, sondern die Kombination aus Equipment und Können darüber, ob der Schuss auf den Bock sauber platziert werden kann. Nur wenn alle Elemente zusammenspielen, kann die Blattjagd das sein, was sie sein soll, eine faire, spannende und waidgerechte Art der Lockjagd, bei der der Bock in seinem natürlichen Einstand respektvoll bejagt wird und der Jagderfolg in einem sauberen, schnellen Erlegen gipfelt.

ZUSAMMENFASSUNG

Eine führige Waffe, ein auf kurze bis mittlere Distanzen optimiertes Zielfernrohr und eine präzise abgestimmte Munition bilden die technische Grundlage für die Blattjagd. Zusammen mit regelmäßigen Kontrollschüssen und praxisnahen Schießübungen schafft dies die notwendige Sicherheit, um den entscheidenden Augenblick souverän zu meistern und dem Wild einen waidgerechten Schuss anzutragen.

PIRSCHSTOCK

Pirschstöcke sind unverzichtbare Hilfsmittel auf der Blattjagd, besonders wenn der Jäger im Einstand oder in dessen Nähe unterwegs ist. Die Funktionalität von Pirschstöcken reicht dabei weit über die reine Unterstützung beim Gehen oder Schießen hinaus. Ein Pirschstock hilft nicht nur dabei, die eigene Position bei der Jagd zu stabilisieren, sondern auch, die Schussabgabe unter schwierigen Bedingungen zu ermöglichen.

In diesem Kapitel wird erläutert, warum der Pirschstock für die Blattjagd von entscheidender Bedeutung ist, welche verschiedenen Ausführungen es gibt und wie man sich optimal auf den Einsatz des Pirschstocks vorbereitet.

WARUM DER PIRSCHSTOCK BEI DER BLATTJAGD WICHTIG IST

Die Blattjagd wird oft in Bereichen durchgeführt, in denen der Einsatz eines klassischen Hochsitzes nicht möglich oder nicht zweckmäßig ist. Häufig befindet sich der Standort des Jägers nahe am Einstand des Wildes, entlang von Waldrändern oder in deckungsreichen Arealen im Revier. In solchen Situationen erweist sich der Pirschstock als wertvolles Hilfsmittel, das nicht im Moment der Schussabgabe Stabilität bietet, sondern auch die Bewegungen des Jägers unauffällig hält. Ein gut gewählter Pirschstock bietet eine zuverlässige Auflage und ermöglicht es, die

Auf einem Pirschstock mit zwei Auflagen können Waffen sogar eingeschossen werden.

Auf dem Markt sind Pirschstöcke in unterschiedlichen Ausführungen zu haben.

Waffe bereits in einer entspannten, aber schussbereiten Position zu führen. Dies ist besonders in der Blattjagd von Vorteil, da Wild oftmals überraschend und ohne Ankündigung erscheint. Der Jäger kann so innerhalb von Sekundenbruchteilen einen präzisen Schuss antragen, ohne sich hektisch neu ausrichten zu müssen und sich dadurch zu verraten.

Darüber hinaus unterstützt der Pirschstock den Schützen in längeren Wartephasen. Anstatt die Waffe dauerhaft aus eigener Kraft zu halten, kann der Jäger das Gewehr auf dem Pirschstock ablegen. Dies entlastet die Muskulatur und verhindert Ermüdung. Die Ruhe wirkt sich nicht nur positiv auf die Präzision aus, sondern trägt auch dazu bei, dass die gesamte Körperhaltung unauffällig bleibt und das Wild nicht durch unnötige Bewegungen beunruhigt wird. Ein passender Pirschstock ist somit mehr als nur eine Auflage, er ist ein Werkzeug, das Konzentration, Stabilität und Jagderfolg bei der Blattjagd gleichermaßen unterstützt. Es gibt eine Vielzahl an Pirschstöcken, die sich in Material, Design und Bedienung unterscheiden. Die Wahl des richtigen Pirschstocks hängt von den persönlichen Vorlieben des Jägers ab.

Ist die Waffe auf dem Pirschstock abgelegt, kann die Position auch über längere Zeit gehalten werden.

VORBEREITUNG AUF DIE JAGD MIT DEM PIRSCHSTOCK

So hilfreich der Pirschstock bei der Jagd auch sein kann, so dient er dem Jäger nur dann, wenn er den Umgang damit sicher beherrscht. Seine effektive Benutzung erfordert Übung und Vorbereitung. Deshalb ist es entscheidend, sich frühzeitig mit dem Pirschstock vertraut zu machen, um ihn effizient und schnell einsetzen zu können. Die richtige Vorbereitung auf den Einsatz des Pirschstocks ist entscheidend, um ihn effektiv und sicher während der Blattjagd nutzen zu können. Eine gründliche Übung auf dem Schießstand sowie in der Natur hilft dem Jäger, den Pirschstock instinktiv

Damit das Handling gelingt, sollte mit dem Pirschstock zuvor auf dem Schießstand geübt werden.

in den Schießablauf zu integrieren und in verschiedenen Schusssituationen stabil zu bleiben.

1. Übung auf dem Schießstand: Eine der wichtigsten Vorbereitungen ist das regelmäßige Üben auf dem Schießstand. Hier sollte der Jäger mit dem Pirschstock in der gleichen Haltung schießen, wie er es später in der Jagdsituation tun würde.

2. Zielen: Auf dem Schießstand können verschiedene Schusssituationen simuliert werden, wie das Schießen auf unterschiedliche Distanzen und das Zielansprechen aus verschiedenen Positionen, wie z. B. knieend oder sitzend. Der Pirschstock sollte dabei immer in die Schusshaltung integriert werden, um den Bezug zur Jagdpraxis herzustellen. Das Üben mit dem Pirschstock auf dem Schießstand muss zuvor mit der Schießstandaufsicht abgesprochen werden!

3. Routine entwickeln: Der Pirschstock muss Teil des normalen Schießablaufs werden. Man sollte regelmäßig aus verschiedenen Positionen (stehend und sitzend) üben, sich mit dem Pirschstock einzurichten. Ziel ist es, den Pirschstock genauso selbstverständlich und präzise zu nutzen wie die Büchse selbst, um bei der Jagd einen reibungslosen Ablauf zu gewährleisten.

4. Prüfung der Handhabung im Revier: Zusätzlich zur Übung auf dem Schießstand sollte der Jäger den Umgang mit dem Pirschstock auch unter realistischen Bedingungen im Gelände üben. Auch auf verschiedenen Untergründen sollte geübt werden. Nur so kann sichergestellt werden, dass der Jäger an jedem Ort im Gelände sicher und stabil mit dem Pirschstock arbeiten kann.

5. Schnelles Umstellen und Positionswechsel im Gelände: Ein weiterer wichtiger Aspekt bei der Vorbereitung ist das schnelle Umstellen und der Positionswechsel im Gelände. Auf der Blattjagd kann es

Nicht immer springt der Bock aus der anvisierten Richtung. Im Fall der Fälle muss der Schütze den Pirschstock rasch umstellen.

vorkommen, dass der Rehbock plötzlich von einer anderen Seite zusteht oder abspringt und in einem Bereich verhofft, welcher ein Umstellen des Pirschstocks notwendig macht. In solchen Momenten ist es entscheidend, schnell zu reagieren und den Pirschstock effektiv einzusetzen, um die Waffe stabil in die neue Richtung auszurichten. Eine gründliche Vorbereitung auf den Pirschstockeinsatz erhöht nicht nur die Schusspräzision, sondern auch die Sicherheit und den Erfolg während der Blattjagd.

FAZIT

Der Pirschstock ist auf der Blattjagd ein wichtiges Hilfsmittel. Er steigert nicht nur die Schusspräzision und sorgt für eine stabilere Haltung, sondern ermöglicht auch eine erhöhte Flexibilität im Gelände. Durch gezieltes Üben auf dem Schießstand sowie in realistischen Jagdsituationen kann der Jäger sicherstellen, dass der Pirschstock im entscheidenden Moment effizient eingesetzt wird. Das Vertrautwerden mit der Handhabung und den unterschiedlichen Modellen ist entscheidend, um sich optimal auf unvorhersehbare Situationen vorzubereiten. Ich persönlich empfehle einen Pirschstock, bei dem die Waffe immer mindestens an zwei Punkten aufliegt. Diese doppelte Auflage sorgt für maximale Stabilität und unterstützt die saubere sowie präzise Schussabgabe – vor allem in angespannten jagdlichen Situationen.

Verschiedene Pirschstockmodelle erlauben die Auflage der Waffe an zwei Punkten.

BERUFSJÄGERTIPP: PIRSCHSTOCKWAHL

Ich nutze seit vielen Jahren einen Pirschstock der Firma Jakele. Das Modell Z4 verbindet Stabilität, ruhige Zweipunktauflage und Flexibilität meiner Meinung nach am besten. Durch die bewegliche Vordergabel ist man in der Lage, seinen Haltepunkt auf eine Entfernung von 100 m, in Summe 50 m nachzuziehen. 80 % meiner Jahresjagdstrecke erlege ich mit Schüssen über diesen Pirschstock. Er ist seit zehn Jahren mein täglicher Begleiter im Revier.

KLEIDUNG UND TARNUNG

Bezüglich der Wahl von Bekleidung und Tarnung bei der Blattjagd hört man teils sehr unterschiedliche Meinungen. Ziel ist es dabei immer, dass man als Jäger möglichst nicht vom Wild gesehen wird. Das Verständnis über das Sehvermögen des Rehwildes und die Bedeutung der Struktur in der natürlichen Umgebung spielen hierbei eine wichtige Rolle. Rehe reagieren weitaus empfindlicher auf Bewegungen als auf Farben. Auch die Struktur der Oberfläche sollte berücksichtigt werden. In der Natur hat jede Oberfläche eine gewisse Struktur. Kein

Durch das strukturierte Tarnmuster auf der Kleidung ist der Jäger im Wald gut getarnt.

Ein Tarnschal kann genutzt werden, um die Bewegungen des Jägers zusätzlich zu verschleiern.

Blatt, kein Baumstamm, kein Tier ist ohne Struktur. All die vorangegangenen Faktoren sollte man bei der Wahl der Bekleidung berücksichtigen. Im folgenden Kapitel wird erläutert, wie sich der Jäger optimal kleidet und tarnt, um möglichst unauffällig zu bleiben.

BEWEGUNGSSEHER UND FARBENBLINDHEIT

Rehe sind weitestgehend farbenblind und nehmen ihre Umwelt hauptsächlich in Grau- und Blautönen wahr. Ihre Fähigkeit Farben zu erkennen, ist im Vergleich zu uns Menschen eingeschränkt. Dies bedeutet, dass sie insbesondere Farben wie Rot oder Gelb, die im menschlichen Sichtfeld auffällig wären, nicht in der gleichen Weise wahrnehmen. Dennoch haben sie ein ausgezeichnetes Sehvermögen und sind sehr empfindlich gegenüber Bewegungen.

Merke: Die Farbe unserer Kleidung ist sekundär.

Rehe sind sogenannte Bewegungsseher. Dies bedeutet, dass die Stücke Bewegungen in ihrer Umgebung in der Regel sehr gut wahrnehmen. Selbst kleinste Bewegungen, wie beispielsweise der wackelnde Gewehrriemen oder der Jäger, der sich unvorsichtig bewegt, kann sofort die Aufmerksamkeit eines Rehes auf sich ziehen und es zum Abspringen bewegen. Diese hohe Sensibilität für Bewegungen ist der Grund, warum der Jäger auf der Blattjagd nicht nur die richtige Kleidung wählen muss, sondern auch darauf achten sollte, seine Bewegungen so gering wie möglich zu halten.

Struktur und Muster

Das Realtreeund andere Camouflage-Muster brechen die Konturen des Körpers optisch auf und lassen den Jäger in seiner Umgebung für das Wild nahezu unsichtbar werden. Die Muster bestehen aus verschiedenen Schattierungen und Designs, die den Jäger in den unterschiedlichen Umgebungen, sei es im Wald und bedingt auch im offenen Feld, optimal tarnen. Die natürliche Struktur von Oberflächen, wie beispielsweise Unregelmäßigkeiten in der Baumrinde oder das Durcheinander im Blätterdach, wird durch die Camouflage-Optik perfekt nachgeahmt. So fällt der Jäger nur dann auf, wenn er sich plötzlich bewegt. Solange er ruhig bleibt, trägt die Tarnkleidung dazu bei, die visuelle Aufmerksamkeit des Wildes zu minimieren, da der Jäger in der Landschaft versinkt.

Bewegungsfreiheit

Ein Tarnschal ist ein praktisches Hilfsmittel, das besonders bei der Blattjagd eine hervorragende Ergänzung zur Tarnkleidung darstellt. Durch das Aufspannen des Tarnschals vor sich kann der Jäger nicht nur seine Bewegungen verdecken, sondern auch die Wahrnehmung des Wildes weiter reduzieren. Der Tarnschal dient als zusätzliche Barriere zwischen Jäger und Wild, indem er die Bewegungen des Körpers und der Waffe verbirgt und gleichzeitig die Struktur der Umgebung nachahmt.

Handschuhe sind für die Tarnung empfehlenswert. Wird der Handschuh am Zeigefinger abgeschnitten, lässt sich der Abzug besser bedienen.

Kopf und Hände

Wenn Kopf und Hände ungetarnt sind, ziehen sie rasch die Aufmerksamkeit des Wildes auf sich. Diese Körperpartien des menschlichen Jägers sind in der Regel am meisten in Bewegung, sei es beim Abglasen der Umgebung oder beim Griff zur Waffe.

Mit natürlichen Materialien können Erdschirme verblendet werden.

Jede ungetarnte Bewegung wird vom Rehwild deutlich wahrgenommen, besonders wenn sie sich aus dem Umfeld optisch abhebt. Eine Kopfbedeckung in Form eines Hutes oder einer leichten Mütze kann hier ebenso wertvolle Dienste leisten wie gut gewählte Handschuhe. Vor allem die Hände sind während der Blattjagd ein entscheidender Faktor. Sie bewegen sich häufig, etwa wenn das Fernglas zum Gesicht geführt oder der Blatter bedient wird. Ohne Tarnung können diese Bewegungen wie ein Signal wirken und das Wild auf den Jäger aufmerksam werden lassen. Daher empfiehlt es sich unbedingt, Tarnhandschuhe zu tragen, idealerweise in einer Tarnoptik, die die Konturen auflöst und sich optisch in die Umgebung einfügt. Besonders empfehlenswert sind sehr dünne Handschuhe, da die Blattjagd häufig an heißen Sommertagen ausgeübt wird. Jede zusätzliche Bekleidungsschicht ist dann rasch schweißtreibend.
Um den Blatter sowie den Abzug der Büchse präzise bedienen zu können, kann es sinnvoll sein, Daumen und Zeigefinger freizulassen bzw. diese beiden Teile des Handschuhs abzuschneiden. Auf diese Weise wird ein sicherer Griff gewährleistet, ohne dass die Tarnwirkung wesentlich beeinträchtigt wird. So kombiniert man maximale Unauffälligkeit mit hoher Funktionalität. Zwei Faktoren, die bei der Blattjagd oft über Erfolg und Misserfolg entscheiden können.

FAZIT

Bekleidung und Tarnung spielen auf der Blattjagd eine entscheidende Rolle für den Erfolg. Der Jäger muss sich bewusst sein, dass Rehe weitaus weniger auf Farben als auf Bewegungen reagieren. Deshalb ist es wichtiger, auf eine natürliche Struktur und ein gut abgestimmtes Tarnmuster zu achten, um das Wild in seinem Lebensraum zu täuschen. Darüber hinaus muss der Jäger lernen, seine Bewegungen zu minimieren, da selbst kleinste Bewegungen vom Wild sofort wahrgenommen werden können. Ebenso ist es absolut empfehlenswert, natürliche oder künstliche Sichtbarrieren zu nutzen, um Bewegungen zusätzlich zu verbergen. Erdschirme oder mobile Tarnschirme können hier eine hervorragende Unterstützung sein, da sie dem Jäger zusätzlich zur gewählten Tarnkleidung Deckung bieten. Auch eine am Boden liegende Baumkrone oder etwas höherer natürlicher Bewuchs können dies bewirken. Weitere Hinweise und praktische Tipps zu diesem Themenkomplex finden Sie im Kapitel *Jagdliche Einrichtungen.*

DER BLATTER

Die Wahl des vermeintlich richtigen Blatters bereitet insbesondere Blattjagdneulingen häufig Kopfzerbrechen. Doch entgegen der weit-verbreiteten Meinung, dass der richtige Blatter entscheidend für den Jagderfolg ist, kommt es vielmehr darauf an, dass der Jäger mit dem gewählten Instrument die richtigen Töne zuverlässig spielen kann.
Blatter gibt es in den verschiedensten Ausführungen. So gibt es beispielsweise

Der Buttolo-Handblatter wird von vielen wegen der leichten Handhabung geschätzt.

Das Angebot an Blattjagdinstrumenten ist groß.

Modelle aus Holz, Geweihstangen oder Kunststoff. Und mittlerweile gibt es sogar elektronische Geräte, bei denen die verlockenden Töner „vom Band“ abgespielt werden. Doch Vorsicht! Der Einsatz elektronischer Geräte zur Lockjagd ist in Deutschland verboten. Elektronische Blatter, die auf Knopfdruck Tierlaute abspielen, dürfen nicht verwendet werden. Sie sind nicht nur unzulässig, sondern widersprechen auch den Grundsätzen fairer Waidgerechtigkeit.
Jedes Blattjagdinstrument hat eigene Vor- und Nachteile und egal welches Modell der Jäger wählt, keines garantiert dem fiependen Jäger Jagderfolg. Vielmehr hängt der Erfolg davon ab, wie gut der Jäger sich auf die Blattjagd vorbereitet hat. Ein altes Jägersprichwort lautet: „Zum richtigen Zeitpunkt, am richtigen Ort, und der Bock springt, selbst, wenn man mit einem quietschenden Fahrrad vorbeifährt.“ Wichtig ist vor allem, dass der Jäger mit dem Blatter vertraut und somit in der Lage ist, die Töne halbwegs präzise zu reproduzieren. Die Palette der Töne reicht dabei von den leisen Fieplauten der Kitze über die Lockrufe der weiblichen Stücke bis hin zum Angstgeschrei einer Ricke. Jeder dieser Laute muss mit der richtigen Intensität, zum richtigen Zeitpunkt, am richtigen Ort erzeugt werden, um den Bock zum Zustehen zu bewegen. Mit so ziemlich allen handelsüblichen Blattern lassen sich diese Töne in brauchbarer Qualität erzeugen, unabhängig von seiner Art oder Marke.

VON LEISE BIS LAUT

Ein weiterer entscheidender Faktor ist, dass der Jäger sich den Bedingungen des Jagdreviers anpasst. In einem dichten Waldgebiet mit wenig Übersicht ist eine lautere Ansprache oft weniger effektiv als in offeneren Revieren. Hier wird der Blatter genutzt, um das Wild über eine größere Distanz anzusprechen. Ein Blatter, der in der Lage ist, sowohl leise, fein abgestimmte Töne als auch kräftige Laute zu erzeugen, bietet einen klaren Vorteil. In bzw. an dichten Einstandsbereichen kann der Blatter hingegen dazu dienen, feine Nuancen der Laute zu simulieren, um das Rehwild zu überzeugen. Die Fähigkeit des Jägers, sich auf unterschiedliche Bedingungen und das Verhalten des Wildes einzustellen, ist oft viel entscheidender als die Wahl des Blatters und das Musizieren selbst. Geübt werden sollte aber dennoch. Wer mit seinem Blatter umzugehen weiß und die Töne bei unterschiedlichen Bedingungen zuverlässig erzeugen kann, ist klar im Vorteil.

VERBLATTEN

In Gesprächen zwischen Jägern rund um die Blattjagd fällt häufig der Begriff „verblatten“ – doch was ist damit eigentlich gemeint? Verblatten bedeutet in der Jägersprache, dass der Rehbock den Fieplaut, ganz gleich ob Kitzfiep, Angstschrei oder den Ruf einer brunftigen Ricke mit der Anwesenheit des menschlichen Jägers in Verbindung gebracht hat. Dies kann auf zwei Arten ge-

Der Autor setzt auf einen Blatter aus dem Hause Rottumtaler, der mit dem Mund gespielt wird.

schehen: Entweder eräugt der Bock den Jäger, sieht vielleicht nur eine kleine Bewegung und hört im selben Moment die Locklaute. Damit ist für ihn klar, dass das Geräusch vom Menschen stammt. Oder er misstraut dem Ort, von dem der Laut kommt, etwa wegen einer unnatürlichen Klangquelle, einer falschen Lautstärke oder weil er aus einer in der Vergangenheit gemachten Erfahrung gelernt hat, dass dort Gefahr droht.

Wird der Bock misstrauisch, reagiert er in der Regel nicht sofort wieder auf Blattlaute, schon gar nicht am selben Tag vom gleichen Stand aus. Meist sucht er seinen Einstand auf oder zieht in eine Gegend, in der er sich sicher fühlt. Wann ein erneuter Versuch sinnvoll ist, hängt stark von der Erfahrung des jeweiligen Bockes und vom Grad der Störung ab. Wurde er nur leicht beunruhigt, etwa weil er nichts gesehen, sondern lediglich etwas gehört hat und langsam abgezogen ist, kann man oft schon ein paar Stunden später, am nächsten Tag oder nach zwei bis drei Tagen erneut versuchen, ihn anzusprechen. Dabei empfiehlt es sich, den Standort leicht zu verändern. Wurde er jedoch deutlich gestört, etwa weil er den Jäger sicher gesehen und die Laute mit ihm in Verbindung gebracht hat, sollte man mindestens zwei bis drei Tage warten.

Um ein Verblatten zu vermeiden, sollte der Jäger stets Deckung nutzen und so stehen oder sitzen, dass er beim Blatten keine auffälligen Bewegungen macht. Bewegungen sind auf ein Minimum zu reduzieren. Der Blatter sollte bereits vorbereitet und die Waffe im Anschlag sein, bevor mit dem Blatten begonnen wird. Auch die Lautstärke muss der Situation angepasst werden. Es ist nicht nötig, zu laut zu blatten, besonders dann nicht, wenn der Einstand bereits in

Klassische Blattjagdsituation: Der Bock ist in der Deckung auf den Jäger zugezogen und hat diesen nun eräugt.

So positioniert, kann der Jäger blatten und gleichzeitig den Bock in der Zieloptik erfassen.

Reichweite ist. Bei erneuten Versuchen sollte zudem der Stand leicht verändert werden, um dem Misstrauen des Bockes entgegenzuwirken. Zusammenfassend lässt sich sagen, dass es nicht der Blatter ist, der den Unterschied ausmacht, sondern die Fähigkeit des Jägers, damit die richtigen Laute zu erzeugen. Wirklich falsche Töne im klassischen Sinne gibt es nicht. Wenn ein Ton mal nicht klingt wie erwartet, ist dies kein Grund zur Sorge. Rehwild mit dem Blatter zu vergrämen, ist eher schwierig.

Eine durchdachte Strategie ist beim Blatten zweifellos von Vorteil. Der Jäger sollte sich vorab überlegen, welche Lautfolgen er in welcher Situation einsetzen möchte und wie er selbst auf verschiedene Reaktionen des Wildes reagiert. Dazu ist es notwendig, dass verschiedene Blattlaute sowie Variationen davon gespielt werden können und diese so in einem sinnvollen Ablauf kombiniert werden. Dennoch bleibt ein wesentlicher Faktor außerhalb des menschlichen Einflussbereichs: Der Bock entscheidet letztlich selbst, ob er auf den Fiepton reagiert oder nicht. Sein Verhalten wird von zahlreichen Einflüssen geprägt, darunter seine aktuelle Stimmung, seine Bindung an eine Ricke, sein Charakter und sein Temperament. Nicht jeder Bock reagiert gleich. Während der eine eher auf ein aggressiveres Blatten anspricht, zeigt sich ein anderer empfänglicher für eine verhaltenere, zurückhaltende Lockweise. Vorhersagen lässt sich die Reaktion des Wildes nicht. Deshalb muss der Jäger dies ein Stück weit in der jagdlichen Praxis ausprobieren. Wenn man sich jedoch bewusst macht, dass die Gefahr, einen Bock durch unterschiedliche Tonfolgen zu vergrämen, in den meisten Fällen gering ist, sollte man den Mut haben, verschiedene Varianten zu testen. Entscheidend ist, das Verhalten des Wildes genau zu beobachten, Rückschlüsse daraus zu ziehen und die eigene Technik laufend anzupassen. Auf diese Weise lernt man mit jeder Begegnung dazu und verfeinert Schritt für Schritt das eigene Können als Blattjäger.

VORBEREITUNG DES REVIERS

Die gezielte Vorbereitung des Jagdreviers im Hinblick auf die Blattjagd ist ein ganzjähriger Prozess, bei dem sich Weitsicht, Sorgfalt und jagdliche Erfahrung auszahlen.

Neue Ansitzmöglichkeiten sollten bestenfalls im Spätwinter oder zeitigen Frühjahr gebaut werden.

Schießt der Jäger Fotos bei der Bockbestätigung, können die Stücke teils über Jahre hinweg dokumentiert werden.

Ziel ist es, das Revier so zu gestalten, dass es optimale Bedingungen für möglichst ungestörtes Rehwild bietet, gleichzeitig aber auch effektiv und sicher bejagbar bleibt. Wer sein Revier frühzeitig mit Blick auf die Anforderungen der Blattjagd vorbereitet, schafft ideale Voraussetzungen für deren Qualität. Im späten Winter – etwa im Februar, sollten die grundlegenden Maßnahmen zur Revierpflege umgesetzt werden. In dieser vergleichsweise jagdruhigen Zeit, lassen sich ohne größeren Störeinfluss auf das Wild verschiedene Arbeiten durchführen, die das Revier jagdpraktisch optimieren. Hierzu zählt beispielsweise das Freistellen von jagdlichen Einrichtungen, das Bereitstellen von Prossholz, das vorsichtige Zurückschneiden von Sichtschneisen oder das Anlegen neuer Ansitzmöglichkeiten.

Auch der Zustand vorhandener Ansitzeinrichtungen kann nun kontrolliert und bei Bedarf überarbeitet werden. Eingriffe ins Gelände sollten mit Augenmaß erfolgen und möglichst gebündelt in der entsprechenden Revierparzelle durchgeführt werden. Gleichzeitig bietet es sich an, bereits in dieser Phase Ruhezonen zu definieren, die lediglich während der Blattzeit betreten und bejagt werden. Solche Rückzugsräume sind besonders hochwertige Einstände für gut veranlagte Böcke. Diese Vorgehensweise erhöht die Wahrscheinlichkeit, dass sich Böcke dort ganzjährig aufhalten und ihr Territorium nur selten verlassen.

Im Frühjahr zwischen März und Mai steht das Bestätigen der Böcke im Vordergrund, da diese gerade jetzt anhand des Verfegens und des Verfärbens auf ihr Alter eingeschätzt werden können. Mit Beginn des Sommers, etwa im Juni, tritt die Phase der jagdlichen Feinjustierung ein. Nun geht es darum, die bereits vorbereiteten Standorte auf ihre tatsächliche Praxistauglichkeit zu überprüfen. Durch das starke Wachstum der Vegetation können zuvor gut einsehbare Flächen nun plötzlich zugewachsen sein. Entsprechend sollten, mit etwas zeitlichem Abstand, vor der Blattzeit noch einmal gezielte Maßnahmen erfolgen, um Schuss- und Sichtfelder freizustellen. Diese Eingriffe müssen dezent geschehen, ein übertriebener Pflegeeinsatz unmittelbar vor der Jagdzeit kann kontraproduktiv sein. Auch künstliche Deckung wie ein Tarnnetz oder ein temporärer Sichtschutz kann in dieser Phase vorbereitet und passend positioniert werden. So tritt ein gewünschter Gewöhnungseffekt ein. In den letzten ein bis zwei Wochen vor Be-

VORBEREITUNG DES REVIERS FÜR DIE BLATTJAGD

Ziele:

- Das Revier soll so gestaltet werden, dass das Wild ungestört ist und eine sichere sowie effektive Bejagung möglich bleibt.
- Eine frühzeitige Planung sorgt für mehr Ruhe im Revier und höhere Erfolgschancen bei der Blattjagd.

Winter (Februar):

- Jagdliche Einrichtungen werden freigestellt und kontrolliert. Mängel werden dokumentiert.
- Prossholz bereitstellen.
- Sichtschneisen vorsichtig zurückschneiden.
- Neue Ansitzmöglichkeiten werden erfasst.
- Ruhezonen definieren, die nur während der Blattzeit betreten werden.

Frühjahr (März bis Mai):

- Böcke bestätigen.
- Altersansprache vornehmen.

Frühsommer (Juni):

- Praxistauglichkeit der vorbereiteten Standorte prüfen.
- Schuss und Sichtfelder freistellen.
- Erdschirme oder Sichtschutz vorbereiten und platzieren.

Unmittelbar vor der Blattzeit (ab Mitte Juli):

- Revier konsequent beruhigen, Störungen vermeiden.
- Unnötige Kontrollgänge oder Eingriffe werden vermieden.
- Jagdplan erstellen: Jagdbare Böcke festlegen, passende Stände nach Windrichtung auswählen.
- **Merke:** Alle Eingriffe im Revier sollten rechtzeitig und gebündelt durchgeführt werden.
- Unruhe kurz vor der Blattjagd unbedingt vermeiden.
- Vorausschauende Planung ist der Schlüssel zu einer erfolgreichen Jagd.

ginn der Blattzeit, ab Mitte Juli, steht vor allem die Revierberuhigung im Mittelpunkt. Auf unnötige Eingriffe sollte zu dieser Zeit vollständig verzichtet werden. Spazier- sowie Kontrollgänge oder andere Störungen im Revier sind möglichst zu unterlassen. Je ruhiger das Revier in dieser Phase ist, desto höher ist die Wahrscheinlichkeit, dass die Böcke ihre Einstände beibehalten und zur Blattjagd am vermuteten Ort anzutreffen sind. Parallel dazu empfiehlt es sich, einen konkreten Jagdplan für die bevorstehenden Tage zu erarbeiten. Dabei sollte überlegt werden, welcher Bock bejagt werden soll, welcher Stand bei welcher Windrichtung infrage kommt und welche Böcke vorrangig ins Visier genommen werden sollen. Eine solche Planung reduziert Hektik und Improvisation während des eigentlichen Geschehens und verleiht dem ganzen Vorgehen einen professionellen Charakter.

Die Vorbereitung des Reviers ist somit weit mehr als nur eine technische Maßnahme. Sie ist Ausdruck jagdlicher Sorgfalt, Kenntnis des eigenen Reviers und Freude an der Sache. Wer mit Voraussicht plant, seine Eingriffe umsichtig durchführt und dem Wild die nötige Ruhe lässt, schafft beste Voraussetzungen für eine waidgerechte und erfolgreiche Blattjagd.

BÖCKE BESTÄTIGEN

Folgende Fragen stehen im Mittelpunkt der Bestätigung:

- Wo hält sich der Bock bevorzugt auf?
- Wie alt ist der Bock?
- Wie ist der Bock veranlagt?
- Gibt es Konkurrenz durch andere Böcke in direkter Nachbarschaft?
- Soll der Bock in diesem Jahr erlegt werden?

Die gezielte Bestätigung der Rehböcke vor Beginn der Blattjagd zählt zu den wichtigsten Maßnahmen eines verantwortungsbewussten Rehwild-Managements. Sie ermöglicht es, sich ein genaues Bild von der Alters- und Geschlechterzusammensetzung des Rehwildbestandes zu verschaffen und so gezielt und nachhaltig in die Populationsentwicklung einzugreifen. Vor allem weil während der eigentlichen Blattjagd ein sicheres Ansprechen nur selten möglich ist, ist diese Vorarbeit von zentraler Bedeutung. Böcke erscheinen in der Blattzeit häufig überraschend, verhoffen meist nur kurz und reagieren oft unberechenbar. Wer dann nicht schon genau weiß, welcher Bock wo steht, läuft Gefahr, Fehlabschüsse zu produzieren oder gerade jene Böcke zu erlegen, die für die weitere Entwicklung des Bestandes wichtig wären. Eine gesunde Altersstruktur im Rehwildbestand ist aus mehreren Gründen unerlässlich. Alte Böcke übernehmen die Revierführung und sorgen damit für eine stabile Sozialordnung. Junge Böcke werden durch das Vorhandensein starker älterer Platzböcke eher zum Abwandern gedrängt, wodurch Revierdichte und Konkurrenzdruck auf natürliche Weise reguliert werden. Ist diese Altersstruktur gestört, kommt es häufiger zu aggressiven Auseinandersetzungen unter gleichalten Böcken, was das Risiko schwerer Verletzungen deutlich erhöht. Außerdem können Böcke ihr genetisches Potenzial in Bezug auf Gehörnentwicklung erst im höheren Alter voll ausschöpfen. Eine ausreichende Zahl älterer Böcke sichert daher nicht nur die soziale Stabilität, sondern auch langfristig eine bessere Trophäenqualität. Ebenso verlaufen die Brunftabläufe in Revieren mit erfahrenen älteren Böcken deutlich

Im April und Mai ist Rehwild für den Jäger besonders gut sichtbar.

ruhiger und natürlicher, da diese die Ricken zuverlässig decken und so für weniger Stress im gesamten Rehwildbestand sorgen. Ein Revier ohne alte Böcke ist daher sozial instabil, wildbiologisch unausgewogen und langfristig auch trophäenschwach.
Im Rahmen der Bockbestätigung sollten vor Beginn der Blattjagd mehrere wesentliche Fragen geklärt sein. Es gilt herauszufinden, wo sich der Bock bevorzugt aufhält, ob in seinem Einstand, auf bestimmten Wechseln oder an bevorzugten Äsungsplätzen. Besonders wichtig ist die Altersansprache, die sich vor allem am Körperbau, Verhalten sowie an Gehörnbasis, Haupt und Träger orientiert. Zudem sollte beurteilt werden, wie gut der Bock veranlagt ist und welches Entwicklungspotenzial er noch hat. Ein Blick auf den Haarwechsel kann ebenfalls Aufschluss geben, da ein frühes und gleichmäßiges Verfärben häufig auf eine gute körperliche Verfassung und eine gewisse Reife hinweist. Das Bestätigen von Rehböcken bei klassischen Reviergängen ist eine der wertvollsten und zugleich traditionsreichsten Methoden der Jagdpraxis. Es geht dabei nicht allein um das bloße Entdecken eines Bockes, sondern vielmehr um das genaue Beobachten, Einschätzen und Einordnen seiner Erscheinung und seines Verhaltens. Solche Beobachtungen schaffen die Grundlage für eine gezielte Jagd in der Blattzeit.

DEN GANZEN TAG AKTIV

Viele Jäger vertreten die Meinung, dass Rehwild ausschließlich in den frühen Morgenstunden und in den späten Abendstunden aktiv ist. Dieser Gedanke hat sich über Jahrzehnte in den Köpfen festgesetzt, wird jedoch in der Praxis oft durch einseitige Beobachtungsgewohnheiten genährt. Der Grund dafür liegt meist darin, dass sich viele Jäger bevorzugt an Freiflächen wie Wiesen, Feldrändern oder Schneisen aufhalten. Dort sind die Sichtverhältnisse zwar deutlich besser, das Rehwild zeigt sich dort jedoch vor allem zu den Randzeiten des Tages, weil es erst dann den Schutz des Waldes oder der Deckung verlässt.

Der Verlauf des Haarwechsels liefert Hinweise bzgl. Alter und Vitalität des Stückes.

Während Rehwild in der Deckung den ganzen Tag über aktiv ist, tritt es auf Offenflächen meist erst in der Dämmerung aus.

In Wahrheit ist Rehwild jedoch ein sogenannter Intervalläser. Dies bedeutet, dass es über den gesamten Tag verteilt etwa zehn bis zwölf kurze Fressphasen hat. Jede dieser Äsungsperioden liegt ungefähr zwei Stunden auseinander. Nach einer kurzen Äsung zieht sich das Rehwild wieder zurück, um in Ruhe wiederzukäuen, bevor es erneut Nahrung aufnimmt. Dieses Verhalten wiederholt sich nahezu gleichmäßig über den gesamten Tag und auch in der Nacht. Wer also das Rehwild nur frühmorgens und abends an Freiflächen beobachtet, sieht nur einen Bruchteil der tatsächlichen Aktivität. In den übrigen Stunden hält sich das Wild in seinen Einständen auf, wo es äst und wiederkäut, ohne dabei große Wanderungen zu unternehmen. Der Trugschluss von der ausschließlichen Morgen- und Abendaktivität entsteht also nicht durch das Verhalten des Wildes, sondern durch den gewählten Beobachtungsort.

Für die gezielte Bestätigung von Rehböcken bedeutet dies, dass man sie theoretisch zu jeder Tageszeit antreffen könnte, wenn man sich in ihren Einständen bewegt. Doch gerade hier ist große Vorsicht geboten. Wer unbedacht in die Einstände vordringt, verursacht Störungen, die das Wild nachhaltig

Rehwild nimmt in Intervallen Äsung auf. Diese Fressphasen liegen rund zwei Stunden auseinander.

vergrämen können. Deshalb muss jede Beobachtung im Einstand mit sehr viel Fingerspitzengefühl erfolgen. Oft ist es sinnvoller, diese Bereiche nur sehr selten und mit einer klaren Strategie zu betreten. Eine besonders störungsarme Möglichkeit, Rehwild in seinen Einständen zu bestätigen, ist der Einsatz von Wildkameras. Diese liefern Tag und Nacht wertvolle Informationen, ohne dass der Jäger selbst im Revier anwesend sein muss. Mehr zu diesem Thema und zu den genauen Methoden des Bestätigens mit Wildkameras wird an anderer Stelle dieses Kapitels ausführlich beschrieben.

Moderne Wildkameras erlauben neben der Aufnahme von Fotos auch das Aufzeichnen von Videomaterial.

Ziel ist es beim Bestätigen, den Bock in seiner natürlichen Umgebung zu erleben und ein authentisches Bild seines Aussehens, Verhaltens und Besonderheiten zu gewinnen. Für die Beobachtung setze ich gern auf eine Kombination zweier optischer Hilfsmittel. Das klassische Fernglas in der Ausführung 8 x 42 ist seit vielen Jahren mein ständiger Begleiter. Es bietet ein großes Sehfeld, ist lichtstark und erlaubt es, das Umfeld schnell zu überblicken. Mit ihm kann ich auf mittlere Entfernungen Details am Körperbau sowie am Gehörn erkennen und so eine erste Einschätzung vornehmen.

AUF DETAILS KOMMT ES AN

Ergänzend greife ich seit nun einiger Zeit auf das Alpenoptics Steady in der Ausführung 20 x 42 mit elektronischem Bildstabilisator zurück. Dieses Fernglas nutze ich gezielt, wenn es darum geht, auf größere Distanzen feinste Details zu erkennen. Dank der starken Vergrößerung und des Bildstabilisators lassen sich selbst kleine Besonderheiten am Gehörn deutlich ausmachen wie etwa zusätzliche Enden, Perlung oder die exakte Form der Enden. Auch die Höhe und Stärke der Rosenstöcke kann so beurteilt werden. Die integrierte Bildstabilisierung erleichtert längeres Beobachten erheblich, was vor allem dann von Vorteil ist, wenn ein Bock langsam zieht oder längere Zeit verhofft und ich gerade keine Möglichkeit habe, mit dem Fernglas anzustreichen oder aufzulegen. Während dieser Reviergänge konzentriere ich mich darauf, die individuellen Merkmale jedes Bockes zu verinnerlichen und zu notieren. Ich achte auf den Gesamteindruck des Körpers, die Proportionen, die Muskulatur und die Haltung des Trägers. Ebenso spielt das Verhalten eine große Rolle. Ein ruhiges, selbstsicheres Auftreten und ein angemessenes Sichern sprechen oft für einen älteren Bock. Jüngere Böcke zeigen sich meist lebhafter, reagieren hastiger auf Bewegungen und wirken unruhiger.

In Ergänzung zu einem normalen Fernglas nutzt der Autor eine Optik mit einem elektronischen Bildstabilisator.

Durch diese Art der Beobachtung lerne ich die Böcke meines Reviers nicht nur oberflächlich kennen, sondern kann ihre Charakterzüge und ihr Alter besser einschätzen. Die so gesammelten Eindrücke sind später bei der Blattjagd von unschätzbarem Wert, da in dieser Phase oft nur wenige Sekunden für eine Entscheidung bleiben. Die Bestätigung der Böcke kann auf unterschiedliche Weise erfolgen. Besonders bewährt haben sich frühzeitige Beobachtungen ab Mitte Mai. In dieser Zeit beginnen die Böcke zu verfärben und ihre Reviere zu markieren. Morgendliche und abendliche Ansitze bieten dann die besten Chancen, um Böcke in Ruhe und oft sogar am hellen Tag zu beobachten. Im Mai und Juni sind die Böcke dabei meist länger sichtbar und verhalten sich insgesamt ruhiger. Im Juli beginnen sie dann verstärkt, die weiblichen Stücke zu treiben, zeigen also schon mehr Aktivität, was das Beobachten erschweren kann. Neben den Ansitzen sind auch stille Pirschgänge am frühen Morgen oder späten Abend sehr sinnvoll, besonders entlang von Waldrändern, Rückegassen oder bekannten Äsungsflächen. Trittsiegel, Losung sowie Fege- und Plätzstellen liefern zusätzliche Hinweise auf das Vorhandensein und die Aktivität einzelner Böcke. So lassen sich deren Einstände meist recht zuverlässig ermitteln und gegebenenfalls auf einer Revierkarte vermerken.

Ansitze am Morgen oder Abend bieten beste Möglichkeiten, um Böcke zu bestätigen.

DIGITALE HILFSMITTEL

Besonders hilfreich ist es dabei, moderne digitale Hilfsmittel zu nutzen. Mithilfe von Apps lassen sich Standorte von Beobachtungen, Fegestellen und weitere Pirschzeichen direkt im Gelände per GPS markieren und speichern. Dadurch können Bewegungsmuster und Revierschwerpunkte einzelner Böcke über Wochen hinweg genau dokumentiert werden. Auch Fotos von Böcken oder Fegestellen können gleich mit Ortsangabe hinterlegt werden. Das erleichtert nicht nur die spätere Planung der Ansitze und Pirschwege, sondern minimiert zudem das Risiko, wichtige Beobachtungen zu vergessen oder falsch zuzuordnen. Apps stellen damit eine zeitgemäße Ergänzung zur klassischen Revierkarte dar und ermöglichen eine noch präzisere Vorbereitung der Blattjagd.

Verschiedene Apps bieten die Möglichkeit, interessante Beobachtungen metergenau auf digitalen Karten zu markieren.

EINSATZ VON WILDKAMERAS ZUR BESTÄTIGUNG VON REHBÖCKEN

Eine weitere moderne Ergänzung ist der Einsatz von Wildkameras. Sie dokumentieren das Geschehen auch nachts und bei besonders heimlichen Böcken. Allerdings erlauben Fotos keine direkte Altersansprache über Verhalten und Körperbau in der Bewegung, sodass auch Videos betrachtet werden sollten. Auch die Auswertung erlegter Böcke aus den Vorjahren kann wertvolle Hinweise liefern, da sich dadurch bestimmte Veranlagungslinien im Revier erkennen lassen. Der gezielte Einsatz von Wildkameras

Vorteil von Wildkameras: Ganz ohne Störung liefern sie Einblicke in das Geschehen im Revier.

Ist die Fütterung nicht erlaubt, können Wildlockmittel zur Wildlenkung genutzt werden.

Sofern erlaubt, kann Rehwild mit Leckerbissen vor die Wildkameras gelotst werden.

ist ein wertvolles Hilfsmittel, um Rehböcke vor der Blattjagd sicher zu bestätigen und ihre Territorien bestmöglich zu erkennen. Besonders effektiv ist es, nicht nur eine einzelne Kamera zu nutzen, sondern gleich mehrere auf kleiner Fläche oder in einem klar abgegrenzten Gebiet zu platzieren. Dadurch steigt die Wahrscheinlichkeit erheblich, den gewünschten Rehbock schnell und zuverlässig mehrfach abzulichten. Mehrere Bilder aus unterschiedlichen Positionen helfen, wichtige Details für die Altersschätzung zu erkennen. Diese Informationen sollten sorgfältig notiert werden, um während der Blattjagd gezielt am richtigen Standort anzusitzen.

Bei der Arbeit mit Wildkameras lohnt es sich, nicht nur auf Fotos zu setzen, sondern auch die Videoaufnahme zu nutzen. Fotos bieten klare Standbilder, die Details zu Körperbau, Gehörn und evtl. Besonderheiten, wie z. B. geschlitze Lauscher, Rosenstockbrüche usw., zeigen. Videos hingegen offenbaren das Bewegungsverhalten des Bockes. Gerade für die Altersansprache ist dies wertvoll, da ältere Böcke oft ein ruhigeres Bewegungsmuster zeigen, während jüngere Böcke unruhiger und hastiger auftreten.

Ebenso wichtig ist die Dokumentation von weiblichem Rehwild. Aufnahmen von Schmalrehen oder Ricken mit weiblichen Kitzen liefern wertvolle Informationen für die spätere Bejagung. Wer diese Erkenntnisse notiert, kann ab dem 1. September gezielt in den Bereichen im Revier agieren, in denen diese Stücke bestätigt wurden. So kann auch die Jagd auf weibliches Rehwild deutlich effektiver gestaltet werden, da auch die weiblichen Stücke standorttreu sind. Damit Rehwild gezielt vor die Linse einer Wildkamera läuft, gibt es verschiedene Möglichkeiten. In einigen Bundesländern ist die Fütterung erlaubt. Dazu eignen sich insbesondere energiereiche, natürliche Futter- und Lockmittel in kleinen Mengen, wie beispielsweise Äpfel, Birnen, Mais, Kastanien oder Eicheln. Diese sind nicht nur attraktiv, sondern auch gut sichtbar und geruchsintensiv. Werden sie regelmäßig an einer festen Stelle im Blickfeld der Kamera angeboten, gewöhnt sich das Rehwild an den Platz und erscheint dort zuverlässig.

In Regionen, in denen die Fütterung verboten ist, können legale Alternativen eingesetzt werden. Bewährt haben sich verschiedene Lockstoffe aus dem Jagdfachhandel, etwa Sprays mit Anisduft oder Wildmagnet (Lockmittel von Wildmeister Thomas Berner). Diese Mittel können in einem Abstand von etwa eineinhalb bis drei Metern vor der Kamera ausgebracht werden. Durch die Nähe lassen sich auf den Aufnahmen auch feine Details wie die Höhe der Rosenstöcke oder besondere Gehörnmerkmale, etwa kleine zusätzliche Enden oder Gabelungen, erkennen. Die Kombination aus mehreren strategisch platzierten Kameras, der Nutzung von Foto- und Videomaterial, der gezielten Dokumentation von männlichem und weiblichem Rehwild sowie dem sinnvollen Einsatz von Lockmitteln oder Futtermitteln (wo erlaubt) liefert ein umfassendes Bild

In der Blattzeit kann gezielt auf bestätigte Böcke gejagt werden.

der Rehwildbewegung im Jagdrevier. Wer diese Technik konsequent anwendet, verschafft sich einen entscheidenden Wissensvorsprung für eine erfolgreiche Blattjagd. Die Bestätigung folgt dabei meist einem klaren jahreszeitlichen Ablauf. Im Mai beginnen die ersten Beobachtungen, um die Reviereinteilung zu erkennen. Im Juni werden Alter, Stärke und Standorte der einzelnen Böcke intensiver notiert. Im Juli treten immer häufiger Konflikte zwischen konkurrierenden Böcken auf, was eine gezielte Entnahmeplanung notwendig macht. Gegen Ende Juli, wenn die Blattzeit ihren Höhepunkt erreicht, kann die Jagd dann gezielt auf bestätigte Böcke erfolgen. In manchen Fällen bietet auch die Nachbrunft im August noch eine Möglichkeit, einzelne Böcke zu erlegen. Zusammenfassend ist die Bockbestätigung vor der Blattjagd eine unverzichtbare Grundlage für den Erhalt einer gesunden Altersstruktur. Sie hilft, Fehlabschüsse zu vermeiden und erleichtert eine gezielte Blattjagd. Wer seine Böcke kennt, jagt sicherer, nachhaltiger im Sinne der Hege und erfolgreicher.

BÖCKE BESTÄTIGEN VOR DER BLATTJAGD

Ziele:

- Standorte und bevorzugte Einstände der Böcke herausfinden.
- Alter und Veranlagung möglichst genau einschätzen.
- Konkurrenzsituation erkennen und bewerten.
- Entscheidung treffen, ob der Bock geschont oder erlegt werden soll.

Wichtige Beobachtungskriterien:

- Körperbau: schlank und hochläufig bei jungen Böcken bis gedrungen und kräftig bei älteren Böcken.
- Haupt und Träger: lang und schmal bei jungen, kurz und massig bei älteren Böcken.
- Verhalten: unsicher und neugierig bei jungen, selbstsicher und territorial bei mittleren, heimlich bei alten Böcken.
- Haarwechsel: Frühes und gleichmäßiges Verfärben kann auf gute Kondition und Reife hinweisen.
- Konkurrenzdruck: Direkte Nachbarschaft zu ähnlich starken Rivalen kann zu Verletzungen führen.

Optimale Zeit zur Bestätigung:

- Ab Mitte Mai bis Ende Juni: Böcke verfärben und beziehen Einstände.
- Juli: mehr Aktivität, aber Beobachtung durch Brunftbetrieb erschwert.
- Vor Beginn der Blattjagd genaue Revierkarte mit allen bestätigten Böcken anlegen.

Hilfsmittel:

- Ansitze und stille Pirschgänge an Waldrändern, Rückegassen und Äsungsflächen.
- Trittsiegel, Losung, Fege und Plätzstellen auswerten.
- Digitale Revierkarten und GPS-Apps für Standortmarkierungen.
- Wildkameras als Ergänzung für heimliche Böcke.
- **Jagdliche Hinweise:** Zwei gleichstarke Böcke in direkter Konkurrenz: häufig sinnvoll, den schwächeren zu entnehmen.
- Ziel ist eine gesunde Altersstruktur mit ausreichend reifen Platzböcken.
- Sorgfältige Bestätigung reduziert Fehlabschüsse und steigert den Jagderfolg während der Blattzeit.

ALTERSBESTIMMUNG

Die Altersansprache des Rehbocks wird nicht nur als schwierig bezeichnet, sondern oft sogar als Kaffeesatzleserei. Sicher gibt es bestimmte Altersmerkmale, aber diese zu deuten, lässt viel Raum für Phantasie. Selbst anhand des Zahnabschliffs eines erlegten Rehbocks lässt sich nicht zweifelsfrei das Alter bestimmen. Untersuchungen an markierten Rehen haben gezeigt, dass auch beim Zahnabschliff erhebliche Unterschiede auftreten können. Die Beurteilung des Alters erfolgt beim Rehbock im Wesentlichen anhand des Körperbaus, des Erscheinungsbildes von Haupt und Träger sowie des Verhaltens. Der Körperbau liefert oftmals die deutlichsten Hinweise. Junge Böcke wirken insgesamt hochläufig und schlank, häufig etwas kantig. Sie haben meist noch einen schmalen, langen Träger und eine feine Brustpartie. Mit zunehmendem Alter wird der Körper gedrungener, breiter und tiefer, der Träger erscheint kräftiger und kürzer, der ganze Körper wirkt kompakter. Alte Böcke sind meist breiter in der Brust und insgesamt „bodenständiger", manchmal leicht überbaut, was ihnen ein gedrungenes Erscheinungsbild verleiht. Auch das Haupt verändert sich mit den Jahren. Junge Böcke haben oft noch ein schmales, langes Haupt mit spitzem Äser, während ältere Böcke ein kürzeres, massigeres Haupt zeigen, welches stumpfer wirkt. Das Verhalten liefert weitere wichtige Hinweise für die Altersansprache. Junge Böcke treten oft unsicher auf, bewegen sich hastig und neugierig, verhoffen, äugen viel und lassen sich von Reizen schnell ablenken. Mittelalte Böcke sind meist selbstsicher, treten ruhig auf, zeigen klare Revieransprüche und lassen sich bei der Revierverteidigung auch auf längere Auseinandersetzungen ein. Alte

Der Zustand der Zähne liefert bei einem erlegten Stück Rehwild lediglich einen groben Hinweis auf das Alter.

Das spitze sowie schmale Haupt und das noch im Bast befindliche geringe Gehörn verraten hier den Jährling.

Böcke hingegen verhalten sich häufig heimlich, vermeiden offene Kämpfe und lassen sich nur kurz blicken, kennen aber ihr Revier genau und nutzen feste Wechsel. Das Gehörn sollte für die Altersansprache beim Rehbock nur eine ergänzende Rolle spielen. Zwar sind breite, wulstige Rosenstöcke und eine starke Perlung oft Hinweise auf Reife, doch die Gehörnentwicklung ist auch bei Böcken zum Teil genetisch bedingt und nachweislich von Lebensraum und Ernährung abhängig. Deshalb kann auch ein alter Bock ein schwaches Gehörn tragen, während ein junger Bock in einem optimalen Lebensraum bereits eine beeindruckende Trophäe ausbilden kann. Nur die Summe aller Altersmerkmale lässt eine möglichst genaue Schätzung zu. Die beste Zeit für eine zuverlässige Altersansprache liegt in den Monaten März bis Juni, wenn die Böcke verfegen, verfärben und ihre Einstände beziehen. Während der Blattjagd ist eine sichere Altersbestimmung kaum noch möglich, da die Stücke meist nur kurz und häufig in erregtem Zustand erscheinen. Daher ist es wesentlich, die Altersstruktur bereits vor der Blattzeit durch regelmäßige Beobachtungen und Pirschgänge genau zu erfassen.
Das nachfolgende Formular ist für das Erfassen von Rehböcken gedacht. Der Beobachtungsbogen dient dazu, jede bestätigte

Massige Geweihstangen und seitlich wegkippende Rosen können auf ein höheres Alter hindeuten.

ALTERSANSPRACHE BEIM REHBOCK

Grundprinzip:

- Altersbestimmung nie auf ein einzelnes Merkmal stützen – immer Gesamteindruck bewerten.
- Gehörn nur ergänzend nutzen, da genetische und lebensraumabhängige Unterschiede groß sind.

Merkmale nach Altersklasse:

- Junger Bock:
  Hochläufig, schlanker sowie kantiger Körperbau, langer und schmaler Träger, spitzes Haupt, neugierig, unruhig, leicht ablenkbar.
- Mittelalter Bock:
  Kräftiger sowie kompakter Körperbau, kurzer sowie stärker werdender Träger, massigeres Haupt, selbstsicher, terrotoriales Verhalten, längere Kämpfe.
- Alter Bock:
  Breiter gedrungener Wildkörper, oft leicht überbaut, starker sowie kurzer Träger, stumpfes und breites Haupt.
- Sehr alter Bock:
  Zurückgesetzt, schwächer werdend im Wildbret, schmaler Träger, knochiges Haupt, heimlich, nimmt nicht mehr an Brunft teil.
- **Optimale Zeit zur Altersansprache:** Februar bis Juni: Verfegen, Verfärben, Einstände beziehen
- Vor Beginn der Blattzeit durch gezielte Beobachtung Altersstruktur erfassen.

BEOBACHTUNGSBOGEN BOCKBESTÄTIGUNG

Revier: ______________________________
Names des Bockes: ______________________________
Datum: ______________________________
Beobachter: ______________________________

Allgemeine Angaben

- **Standort/GPS-Koordinaten:** ____________________
- **Bevorzugter Einstand:** ☐ Dickung ☐ Waldrand ☐ Feldgehölz
  ☐ Sonstiges: ______________________________
- **Bevorzugte Wechsel/Äsungsflächen:** ______________________________

Erscheinungsbild

- **Alterseinschätzung:** ☐ jung ☐ mittelalt ☐ alt
- **Geschätztes Alter:** ______________________________
- **Körperbau:** ☐ schlank/hochläufig ☐ kompakt/kräftig ☐ breit/gedrungen
- **Träger:** ☐ lang/schmal ☐ mittel ☐ kurz/kräftig
- **Haupt:** ☐ lang/schmal ☐ mittel ☐ kurz/massig
- **Haarwechsel hat begonnen am:** ______________________________

Verhalten

- **Auftreten:** ☐ unsicher/neugierig ☐ selbstsicher/territorial
  ☐ heimlich/zurückhaltend
- **Revierverhalten:** ☐ Platzbock ☐ wandernd ☐ unklar

Gehörn

- **Rosenstöcke:** ☐ kurz ☐ mittel ☐ hoch
- **Perlung:** ☐ gering ☐ mittel ☐ stark
- **Gabelung/Enden:** ______________________________
- **Allgemeine Beurteilung der Veranlagung:** ______________________________

Konkurrenzsituation

- **Nachbarschaft zu anderen Böcken:** ☐ keine ☐ schwach ☐ stark
- **Gefahr schwerer Kämpfe:** ☐ gering ☐ mittel ☐ hoch
- **Maßnahme:** ☐ beobachten ☐ schonen ☐ gezielte Entnahme

Besondere Beobachtungen:

____
____
____

Entscheidung

☐ Erlegung in diesem Jahr vorgesehen
☐ Weiter beobachten und schonen
☐ Unentschieden – weitere Beobachtungen notwendig

In einem Beobachtungsbogen können alle Besonderheiten zu einem Rehbock festgehalten werden.

Sichtung eines Rehbockes so vollständig und präzise wie möglich zu dokumentieren. Damit diese Informationen später für die Jagdplanung optimal nutzbar sind, sollte der Bogen stets nach den gleichen Grundsätzen ausgefüllt werden.

WELCHE ROLLE SPIELT DIE TROPHÄE?

Eine gute Trophäenqualität beim Rehwild ist weit mehr als nur ein Ziel für den Jäger, der starke Gehörne an die Wand hängen möchte. Sie ist in erster Linie ein sichtbares Zeichen für die gesunde Entwicklung der Wildart und sagt viel über den Zustand des Bestandes sowie die Lebensraumqualität aus. Ein gut entwickeltes Gehörn weist darauf hin, dass das Rehwild seinen genetischen Anlagen entsprechend aufwachsen konnte, ohne durch überhöhte Bestandsdichten, ständige Störungen oder unzureichende Äsung in seiner körperlichen Entwicklung beeinträchtigt worden zu sein. Starke Böcke entstehen in der Regel in Populationen mit ausgewogener Altersstruktur und guter Sozialordnung. Nur wenn Böcke alt werden dürfen und ausreichend Nahrung sowie Rückzugsräume vorhanden sind, können sie ihr genetisches Potenzial auch tatsächlich entfalten.
Darüber hinaus ist eine gute Trophäenqualität ein Indikator für eine nachhaltige Jagdstrategie. Wo hauptsächlich junge, gut veranlagte Böcke frühzeitig erlegt werden, brechen die Linien starker Gehörnträger ab, während schwach veranlagte Böcke sich ungehindert fortpflanzen können. Dies schwächt langfristig die gesamte Population, nicht nur optisch, sondern auch in ihrer Vitalität. Eine ausgeprägte Trophäenqualität fördert indirekt also auch die Fitness der Wildart. So betrachtet, ist die Trophäenqualität beim Rehwild kein Selbstzweck jagdlicher Eitelkeit, sondern ein wichtiges biologisches Merkmal für die Gesundheit, Altersstruktur und das Gleichgewicht einer Rehpopulation. Wer darauf achtet, trägt zum langfristigen Erhalt einer starken, widerstandsfähigen Wildart bei.

JAGDLICHE EINRICHTUNGEN

Während in vielen jagdlichen Situationen hohe Kanzeln Vorteile hinsichtlich Übersicht und Kugelfang bieten, ist bei der Blattjagd meist eine bodennahe Positionierung die überlegene Wahl. Denn Rehwild lässt sich in der Blattzeit am besten locken, wenn das Blatten aus dem natürlichen Umfeld des Wildes stammt, also aus Bodennähe. Die Fieptöne wirken vom Boden aus deutlich authentischer, weil sie in Hörhöhe des Wildes erfolgen. Geräusche von oben, etwa aus einer hohen Kanzel, wirken auf den Rehbock oft unnatürlich, da sie nicht zur typischen Geräuschrichtung passen. Zur Blattzeit jagen wir bevorzugt in strukturreichen Biotopen wie an Waldrändern, Dickungen oder Feldgehölzen. Dort ist der Einsatz hoher Ansitzeinrichtungen nicht nur unpraktisch, sondern oft sogar kontraproduktiv.
Bodennahe Jagdeinrichtungen bieten hier deutliche Vorteile. Besonders praxistauglich zeigen sich Drückjagdböcke. Diese niedrigeren, offenen Stände werden meist für Bewegungsjagden eingesetzt, doch mit etwas Weitsicht lassen sie sich auch hervorragend für die Blattjagd nutzen. Voraussetzung ist eine vorausschauende Standortwahl. Wer den Drückjagdbock bereits bei der Aufstellung so positioniert, dass er sowohl für die Drückjagd als auch für die Blattjagd geeignet ist, reduziert den Aufwand und erhöht die Effizienz im Revier. Allerdings gilt auch hier: Sicherheit hat Vorrang. Wer bodennah jagt, muss den Kugelfang stets im Blick haben. Der Schuss darf nur dann angetragen werden, wenn natürlicher Kugelfang, etwa gewachsener Boden, gegeben ist. In recht flachem Gelände ist die leichte Erhöhung

Im Verlauf des Jagdjahrs wird häufig vom Hochsitz aus gejagt. Bei der Blattjagd ist dies jedoch nicht optimal.

Richtig positioniert, können Drückjagdböcke bei der Bewegungs- sowie Blattjagd genutzt werden.

durch einen Drückjagdbock ideal, um Kugelfang und Schusswinkel optimal zu verbinden.

PIRSCHWEGE SIND PFLICHT

Eins haben alle jagdlichen Einrichtungen gemein, sie müssen leise und unbemerkt zu erreichen sein. Der Weg zum gewählten Stand ist eine entscheidende Phase, in der höchste Sorgfalt geboten ist. Wird der Rehbock schon beim Angehen aufgeschreckt, hat die Jagd an diesem Standort in der Regel keine Aussicht auf Erfolg. Ein Bock, der den Jäger bereits wahrgenommen oder gewittert hat, wird den Bereich meiden oder in gespannter Aufmerksamkeit verharren. In beiden Fällen ist es nahezu unmöglich, ihn selbst mit den besten und überzeugendsten Fieptönen oder Angstschreien noch zum Zustehen zu bewegen.
Deshalb beginnt eine erfolgreiche Blattjagd lange vor dem ersten Locklaut mit der sorgfältigen Anlage und Pflege der Pirschwege. Diese Wege sollten so gewählt werden, dass sie leisen und unbemerkten Zugang zum Stand ermöglichen. Eine sinnvolle Linienführung vermeidet unerwünschten Besucherverkehr. Ein mäanderartiger Verlauf verhindert direkten Blickkontakt vom Waldwirtschaftsweg auf die jagdliche Ein-

Bei der Pirschweganlage wird der Pfad zunächst freigeschnitten.

richtung. Auch sollten die ersten fünf Meter des Pirschweges nicht freigelegt werden, um nicht unnötige Neugier von Waldbesuchern zu wecken. Wenn möglich, ist es ratsam, den Pirschweg so anzulegen, dass er windgünstig verläuft und ausreichend Deckung durch Sträucher, Geländekanten oder Baumgruppen bietet. Ebenso wichtig ist es, den Pirschweg regelmäßig sauber zu halten. Lose Äste, hohes Gras oder Gestrüpp, das bei Berührung Geräusche verursacht, sollten entfernt werden. Auch Stolperfallen wie Wurzeln von Flachwurzlern, wie z. B. der Fichte, oder unebenes Gelände, die ein unkontrolliertes Auftreten erzwingen, gilt es zu vermeiden. Ein gut vorbereiteter Weg ermöglicht es, sich ruhig und fließend zu bewegen, ohne unnötige Geräusche zu verursachen. Erfahrene Jäger behalten auch auf dem Pirschweg die Umgebung ständig im Blick, um frühzeitig den Bock oder anderes Wild wahrzunehmen. Auch eine schreckende Ricke kann den Jäger verraten und mitsamt dem Bock das Weite suchen. Ein unbemerkter und möglichst geräuschloser Zugang zum Stand schafft die Grundlage dafür, dass das Blatten überhaupt sinnvoll ist und der Bock unbefangen auf die Locklaute reagiert. Wer diesen Aspekt vernachlässigt, macht bereits vor Beginn der eigentlichen Jagd seine Erfolgschancen zunichte.

FAZIT

Bodennahe gut erreichbare Jagdeinrichtungen sind für die Blattjagd meist eine bessere Wahl als viele Meter hohe Ansitzeinrichtungen, insbesondere, wenn sie strategisch geplant und in unterschiedlichen jagdlichen Situationen genutzt werden können.

Mit einem Laubbläser kann der Untergrund dann von Laub und Vegetationsteilen befreit werden.

JAGDLICHE EINRICHTUNGEN FÜR DIE BLATTJAGD

Vorteile bodennaher Standorte:

— Fieptöne wirken natürlicher, wenn sie aus Bodennähe kommen.

— Rehwild reagiert eher auf Laute, die aus seinem Lebensumfeld stammen.

Bewährte Jagdeinrichtungen und Tarnmöglichkeiten:

— Selbst gebaute Erdschirme – robust, standortangepasst, dauerhaft nutzbar.

— Mobile Tarnschirme – leicht, flexibel, schnell aufgestellt.

— Vorhandene Vegetation nutzen – Baumkrone, Hecke, Ginsterbusch oder anderer niedriger Bewuchs.

— Pirschstock hinter Deckung – Körperkonturen verschwinden, kleinere Bewegungen werden verdeckt.

Sicherheit beachten:

— Immer auf sicheren Kugelfang achten – gewachsener Boden oder leichte Erhöhung sind ideal.

— Vor jedem Schuss prüfen, dass keine Zweige, Äste oder Bewuchs zwischen Laufmündung und Ziel liegen.

— **Tipp:** Bereits bei der Aufstellung von Drückjagdböcken überlegen, ob der Standort auch für die Blattjagd taugt. Das spart Zeit und schafft flexible Einsatzmöglichkeiten.

Auf einem so präparierten Pirschweg gelangt der Jäger vom Wild unbemerkt bis zum Ansitzbock.

JAGDPRAXIS

BLATTEN IN DER PRAXIS

Die erste Augustwoche gilt in weiten Teilen Deutschlands als die eigentliche Blattzeit und damit als besonders erfolgversprechender Zeitraum für die Blattjagd auf den Rehbock.

Das Brunftgeschehen hat nun vielerorts seinen Höhepunkt bereits erreicht. Die Böcke sind aktiv und suchen. Sie durchstreifen ihre Territorien auf der Suche nach brunftigen Ricken und reagieren in dieser Phase besonders empfänglich auf Locklaute. In dieser Phase sind die meisten Ricken und Schmalrehe bereits beschlagen. Das bedeutet, dass viele Böcke keine paarungsbereiten weiblichen Stücke mehr im direkten Umfeld haben, ihre hormonelle Aufladung ist jedoch immer noch hoch. Besonders der klassische Fieplaut – sauber und realistisch vorgetragen – entfaltet nun seine volle Wirkung. Der Jäger simuliert damit eine paarungsbereite Ricke. Ein suchender Bock kann diesen Lauten in der Regel kaum widerstehen.

Ein weiterer Vorteil dieser Phase ist die zeitliche Flexibilität. Entgegen der landläufigen Meinung ist die Blattjagd nicht ausschließlich auf Morgen- und Abendstunden beschränkt. Zwar sind die Aktivitätsphasen des Wildes in den Randzeiten oft ausgeprägter, doch gerade während der intensiven Brunft kann der Jäger auch tagsüber gute Chancen haben. Besonders in der Hitze des Tages, wenn die Böcke in schattige Einstände wechseln, reagieren sie oftmals prompt auf die ersten Fieplaute. Vorausgesetzt der Jäger hat den Standort mit Bedacht gewählt und geht dabei überlegt vor. Erfahrene Blattjäger nutzen deshalb den gesamten Tag: Von der kühlen Morgendämmerung über die Mittagsruhe bis zum abendlichen

Im Laufe der ersten Augustwoche sind viele weibliche Stücke bereits beschlagen. Die Böcke stehen dann besonders gut zu.

Die späte Phase der Brunft ist für die Blattjagd meist erfolgversprechender.

Einwechseln des Wildes. Die Blattzeit erfordert keine strikte Zeitbindung, sondern vielmehr Gespür für die Situation, Beobachtungsgabe und das richtige Timing bei der Wahl der Fieplaute.

FRÜHE BLATTJAGD – CHANCEN UND GRENZEN

Der Beginn der Rehbrunft weckt bei vielen Jägern den Wunsch, sofort mit dem Blatter zu starten. Die Böcke sind nun sichtbar aktiv, markieren verstärkt und durchstreifen ihre Territorien. Dennoch ist diese frühe Phase jagdlich nicht immer die erfolgversprechendste. In den ersten Tagen der Brunft sind viele Böcke noch eng an brunftige Ricken gebunden. Sie haben wenig Anlass, den Rufen eines vermeintlich lockenden Stücks zu folgen. Die Wahrscheinlichkeit, einen territorialen, erfahrenen Bock in dieser Zeit erfolgreich heranzublatten, ist deshalb eher gering. Was jedoch mit höherer Wahrscheinlichkeit funktioniert, ist das Reizen jüngerer Böcke. Diese sind oft ohne feste Ricke unterwegs oder werden von älteren Platzböcken aus den besten Einständen verdrängt. Für sie ist der Lockruf eine Chance, doch noch eine Partnerin zu finden, entsprechend eher reagieren sie in dieser Phase. Aus eigener Erfahrung hat sich gezeigt, dass sich Geduld lohnt. Wer bis zum Ende der Brunft wartet, jagt in einer Zeit, in der die meisten Ricken bereits beschlagen sind. Jetzt beginnen auch die älteren Böcke wieder zu suchen und stehen deutlich williger zu. Die Jagd lässt sich in dieser späten Phase meist gezielter und erfolgreicher gestalten. Das heißt aber nicht, dass frühe Versuche gänzlich sinnlos wären. Unter günstigen Umständen, etwa bei einem bekannten jüngeren Bock, kann auch ein Ansitz in dieser Zeit lohnend sein. Wer jedoch auf reife Böcke aus ist, hat die besten Chancen meist in den letzten Tagen der Brunft.

FAZIT

In der ersten Augustwoche sind die meisten weiblichen Stücke bereits beschlagen, eine Phase, in der die Böcke besonders intensiv auf Fieplaute reagieren. Der richtige Zeitpunkt, kombiniert mit guter Standortwahl, eröffnet dem Jäger in dieser Zeit außergewöhnlich gute Chancen. Jetzt entscheidet nicht allein die Tageszeit über den Jagderfolg, sondern auch die Bereitschaft, neue Wege zu gehen.

DER RICHTIGE ZEITPUNKT FÜR DIE BLATTJAGD

Beste Zeit:

- In weiten Teilen Deutschlands liegt die Hochphase der Blattjagd in der ersten Augustwoche.
- Die meisten Ricken und Schmalrehe sind zu dieser Zeit bereits beschlagen – Böcke suchen aktiv und reagieren empfänglich auf Fieplaute.

Frühe Blattjagd:

- Direkt zu Beginn der Brunft oft weniger effektiv: Viele Böcke sind noch fest an Ricken gebunden.
- Erfolg in dieser Phase meist eher bei jüngeren, revierlosen Böcken.

Späte Blattjagd:

- Zum Ende der Brunft, wenn die meisten Ricken beschlagen sind, reagieren auch erfahrene Böcke wieder stärker.
- Ideal für gezieltes Ansprechen und reifere Stücke.

Tageszeiten:

- Nicht nur morgens und abends erfolgreich, auch mittags blatten kann in der Hochphase lohnend sein.
- Bei Hitze gerne in der Nähe von schattigen Einständen blatten.
- **Merke:** Geduld zahlt sich aus: Wer auf den optimalen Zeitpunkt wartet, kann die Jagd effektiver gestalten.
- Beobachtungsgabe und flexible Ansprache sind wichtiger als ein starrer Zeitplan.

Die relativ großen Lauscher lassen Rehwild selbst leise Geräusche auf größere Entfernung vernehmen.

AKUSTISCHE WAHRNEHMUNG DES REHWILDES

Das Gehör des Rehwildes ist hoch spezialisiert und stellt eines seiner wichtigsten Sinnesorgane dar. Während die Augen des Rehs vor allem auf das Erkennen von Bewegungen ausgelegt sind, ist das Gehör für das frühzeitige Aufspüren von Gefahren und das Einordnen sozialer Laute von zentraler Bedeutung. Für den Jäger, der während der Blattjagd gezielt Laute einsetzt, ist es entscheidend, die akustischen Fähigkeiten des Rehwildes und deren Grenzen zu verstehen. Rehwild besitzt große, bewegliche Lauscher, die unabhängig voneinander ausgerichtet werden können. Dies ermöglicht es den Rehen, Schallquellen präzise anzupeilen und deren Richtung sehr schnell zu bestimmen. Selbst leise Geräusche wie das Knacken eines Zweiges oder ein gedämpftes Rascheln im Unterholz werden wahrgenommen und

Stark kupiertes Gelände sorgt dafür, dass die Töne aus dem Blatter teils in unvorhersehbare Richtungen getragen werden.

in Verbindung mit Gefahr gebracht. Untersuchungen zeigen, dass Rehwild in der Lage ist, Laute aus einer Entfernung von mehreren Hundert Metern zu registrieren, wenn die Bedingungen günstig sind. Für den Jäger bedeutet dies, dass die Reichweite der Locklaute deutlich größer sein kann, als es oft vermutet wird. Ein sanft vorgetragenes Fiepen reicht unter ruhigen Bedingungen bereits aus, um einen Bock aus beträchtlicher Entfernung aufmerksam werden zu lassen. Die Genauigkeit der Richtungsortung ist ebenfalls bemerkenswert. Ein Bock, der einen Fieplaut wahrnimmt, kann die Schallquelle oft auf wenige Meter genau lokalisieren. Dies erklärt, warum er beim Zustehen nicht selten direkt auf den Punkt des Lautes zugeht und bereits kleinste Unstimmigkeiten in Tonlage oder Standort auffallen können.

AUF DEN STANDORT KOMMT ES AN

Die Art und Weise, wie Schall sich ausbreitet, wird stark von den Geländeformen und der Vegetation beeinflusst. In offenen Landschaften tragen die Laute deutlich weiter, da kaum Hindernisse vorhanden sind, die den Schall brechen oder dämpfen. Auf weiten Feldern oder in offenen Waldschneisen kann selbst ein leiser Ruf über mehrere Hundert Meter hinweg zu hören sein. Anders verhält es sich in dicht bewaldeten oder stark verbuschten Arealen. Hier absorbieren Blätter, Zweige und Stämme den Schall, brechen ihn und lassen ihn schneller verhallen. Je nach Dichte der Vegetation kann die Reichweite der Lockrufe deutlich reduziert sein. Auch die Bodenbeschaffenheit spielt eine Rolle: Weiche, moosige oder feuchte Böden schlucken den Schall stärker als trockene, harte Waldböden.

Besonders interessant ist die Wirkung von Geländeformen. In Senken oder Tälern verstärkt sich die Schallübertragung oft, da die Laute wie in einem Resonanzraum getragen werden. Auf Kuppen oder offenen Höhen dagegen kann der Schall vom Wind verweht oder in verschiedene Richtungen zerstreut werden. Auch hier gilt, dass der erfahrene Jäger die akustischen Eigenheiten seines Reviers kennen muss, um die Blattjagd erfolgreich auszuüben.

Blattet der Jäger in offenem Gelände, werden die Töne teilweise mehrere Hundert Meter weit getragen.

Unmittelbar am Einstand sollte der Jäger mit zarten Tönen in die Blattjagdarie einsteigen.

Für die Praxis der Blattjagd lassen sich aus diesen Erkenntnissen klare Konsequenzen ableiten. Zunächst ist es entscheidend, den Standort so zu wählen, dass die Lockrufe möglichst ungehindert wirken können. Wer im dichten Unterholz sitzt, sollte bedenken, dass seine Laute nur auf kurze Distanz tragen. In solchen Situationen ist es sinnvoller, die Blattjagd auf kleinere Einstände zu konzentrieren. In offenerem Gelände hingegen darf der Ruf zurückhaltender erfolgen, da der Schall ohnehin weit trägt und übertriebene Lautstärke schnell unnatürlich wirken kann. Auch die Lautstärke selbst ist ein zentraler Punkt. Ein zu lauter Fieplaut kann misstrauisch machen. Viel wichtiger ist eine natürliche und angepasste Intensität. Der Jäger sollte stets von einem geringen Schallpegel ausgehen und sich bei ausbleibender Reaktion schrittweise steigern. So wird das Wild aufmerksam gemacht, ohne dass es den Eindruck erhält, ein untypischer oder bedrohlicher Laut sei zu hören. Darüber hinaus ist es wichtig, die Windrichtung stets im Auge zu behalten. Selbst wenn der Bock den Laut akustisch präzise lokalisiert, wird er in aller Regel versuchen, über den Wind die Quelle zu bestätigen. Ein Standort, der sowohl akustisch als auch olfaktorisch sinnvoll gewählt ist, erhöht die Chancen auf Beute deshalb erheblich.

FAZIT

Die akustische Wahrnehmung des Rehwildes ist ein entscheidender Faktor für das Gelingen der Blattjagd. Wer versteht, wie fein

Einstand und Drückjagdbock trennen hier maximal 30 Meter. Hier sollte der Jäger zurückhaltend mit dem Blatten starten.

das Gehör des Rehwildes arbeitet, wie stark Gelände und Vegetation die Schallübertragung beeinflussen und wie wichtig eine angepasste Lautstärke ist, der kann seine Blattertöne darauf abstimmen. Die richtige Kombination aus Standortwahl und Lautstärke kann am Ende entscheiden, ob ein Bock zuverlässig zusteht oder ob die Lockrufe unvernommen verhallen.

AKUSTISCHE WAHRNEHMUNG DES REHWILDES

Ziel: Blattertöne so einsetzen, dass sie realistisch wirken und vom Rehwild optimal wahrgenommen werden.

Reichweite der Lockrufe:

- Rehwild hört feinste Geräusche selbst auf große Entfernung.
- Bei besten Verhältnissen reicht leises Fiepen über mehrere Hundert Meter.
- Bock kann die Herkunft der Laute sehr genau orten.

Einfluss von Gelände und Vegetation:

- Offenes Gelände trägt Laute weit.
- Dichte Vegetation dämpft und bricht den Schall.
- Feuchte Böden schlucken Geräusche stärker als harte Waldböden.
- Täler und Senken verstärken die Schallwirkung, Höhenlagen können den Schall zerstreuen.

Konsequenzen für den Jäger:

- Mit leiser Lautstärke beginnen, dann bei Bedarf steigern.
- In offenem Gelände zurückhaltend blatten, in dichtem Bewuchs deutlich lauter.
- Windrichtung immer beachten, da Rehböcke akustische Eindrücke mit Geruch bestätigen wollen.

Merke: Erfolg bei der Blattjagd hängt nicht nur von der Tonart, sondern auch von der Lautstärke und akustischer Wirkung im Gelände ab.

GRUNDLAGEN: TÖNE, RHYTHMUS, PAUSEN

Wer bei der Blattjagd Erfolg haben will, muss die Sprache des Rehwildes verstehen und sie so nachahmen, dass sie glaubwürdig klingt. Der Blatter ist dabei nur das Werkzeug. Entscheidend ist, wie der Jäger ihn bedient. Töne, Rhythmus und Pausen sind die drei Säulen einer wirksamen Lockjagd.

TÖNE

Jeder Laut, den der Jäger beim Blatten von sich gibt, muss eine klare Aussage haben. Das leise, helle Fiepen steht für das Kitz, der sanft drängende Ruf für die brunftige Ricke, das schrille, angespannte Schreien für das Angstgeschrei einer bedrängten Ricke. Die Tonhöhe und Klangfarbe müssen zur Situation passen. Ein zu scharfer, unnatürlicher Ton kann ebenso abschrecken wie ein Laut, der zu weich und unbeteiligt wirkt. Sauber angesetzte, realistische Töne wecken das Vertrauen und die Neugier des Bockes.

Die Abfolge der Töne bei der Blattjagd sollte im Vorfeld geplant sein.

RHYTHMUS

Der Rhythmus ist die Melodie der Blattjagd. Gleichmäßige, in sich stimmige Tonfolgen klingen für den Bock vertraut. Ein typisches Beispiel für die brunftige Ricke sind drei bis fünf Fieplaute in gleichmäßigem Abstand, die Ruhe und Natürlichkeit ausstrahlen. Unruhiges, hastiges Blatten wirkt oft künstlich. Auch das Übertreiben von Lautfolgen ist selten hilfreich. Der Bock soll glauben, er hört ein echtes Stück, nicht einen hektischen Jäger.

PAUSEN

Die Pausen zwischen den Lautfolgen sind nicht weniger wichtig als die Laute selbst. Sie geben dem Bock Zeit, zu reagieren, die Richtung zu orten und sich zu nähern. Wer ohne Unterbrechung blattet, überflutet den Einstand mit Lauten und wirkt unnatürlich. Eine Faustregel: Nach einer Serie von drei bis fünf Lauten mindestens eine halbe bis ganze Minute warten, bevor die nächste Folge erklingt. Je näher der Bock ist, desto länger können die Pausen sein. In vielen Fällen passiert das Entscheidende in der Stille. Der Bock steht zu, sichert und kommt näher. Das Zusammenspiel dieser drei Elemente macht den Unterschied zwischen einem wirkungsvollen Blatten und einer Lautfolge, die wirkungslos verhallt. Wer Töne, Rhythmus und Pausen beherrscht, spricht das Rehwild auf einer Ebene an, die instinktiv verstanden wird, und genau darin liegt die Kunst des Blattens.

300
Zum Film: Anleitung zum Spielen des Blatters

ABLAUF EINER BLATTSERIE

Der Ablauf einer Blattserie ist mehr als das bloße Aneinanderreihen von Lauten. Er ist eine Inszenierung, bei der der Jäger den Bock über akustische Reize langsam an sich heranführt. Dabei gilt: Weniger ist oft mehr, und jede Phase hat ihren eigenen Zweck. Bevor der erste Laut erklingt, muss der Stand passen: Deckung im Rücken, freies Schussfeld nach vorn, Wind im Gesicht. Der Blatter liegt bereit, die Waffe ist im Anschlag oder in einer Position, aus der sie laut-

Häufig stehen die Böcke in den Pausen zwischen den Fieptönen zu.

Die Fieplaute bei der Blattjagd sollten nicht wahllos aneinandergereiht werden.

los angelegt werden kann. Unnötige Bewegungen in der Serie selbst sind zu vermeiden. Begonnen wird nun mit einer zurückhaltenden, neutralen Ansprache – drei bis fünf leise Fieplaute, die das Fiepen eines Kitzes oder einer Ricke simulieren. Diese ersten Laute dienen dazu, im Einstand Aufmerksamkeit zu wecken, ohne sofort Alarm auszulösen. Danach folgt eine Pause von mindestens einer Minute, um dem Wild Zeit zu geben, zu reagieren oder die Quelle der Laute zu orten. Bleibt die Reaktion aus, steigert sich nun sowohl die Intensität als auch die emotionale Färbung der Laute. Die Fieplaute dürfen jetzt etwas drängender und lauter werden, um den Eindruck einer brunftigen, empfängnisbereiten Ricke zu erwecken. Zwei bis drei Serien in diesem Stil, jeweils durch Pausen von ein bis zwei Minuten unterbrochen, sind meist ausreichend. Wer zu früh zu aggressiv wird, riskiert Misstrauen. Zeigt sich nun immer noch keine Reaktion, kann ein gezielter Reizschub gesetzt werden, wie beispielsweise das Angstschrei einer bedrängten Ricke. Dieser Laut ist scharf, hoch und deutlich länger gezogen als das normale Fiepen. Er weckt sowohl den Territorialinstinkt als auch den Paarungstrieb des Bockes und kann ihn selbst aus größerer Entfernung anlocken. Danach sollte unbedingt eine längere Pause von bis zu drei Minuten eingelegt werden. Häufig steht der Bock in dieser Phase des Blattens zügig und stetig sichernd zu.

BOCKÜBERHANG

Es sollte selbstverständlich sein, dass in Revieren mit ungewöhnlich hoher Bockdichte und nur wenigen weiblichen Stücken die genaue Tonlage des Blattens eine geringere Rolle spielt. In solch einer Situation versucht nahezu jeder Bock, auf seine Kosten zu kommen und folgt fast jedem Laut, der auch nur annähernd nach einer Ricke klingt. Hier ist oft eher die Standwahl und der Überraschungsmoment entscheidend als die perfekte Tonimitation.

Ob ein Bock energisch oder eher vorsichtig zusteht, hängt von zahlreichen Faktoren ab.

Eine erfolgreiche Blattserie lebt von Geduld, Dosierung und dem Wechsel zwischen Laut und Stille. Wer diesen Ablauf verinnerlicht, wirkt auf das Rehwild überzeugend und genau das ist der Schlüssel des erfolgreichen Blattens.

Nach drei bis vier Durchgängen sollte die Blattjagd an diesem Stand beendet werden. Das wiederholte Abspielen identischer Lautfolgen über einen längeren Zeitraum macht misstrauisch und kann zu einem Verblatten führen. Besser ist es, den Standort zu wechseln oder die Jagd für diesen Tag einzustellen. Bei allen zuvor beschriebenen Empfehlungen zur Praxis der Blatteranwendung darf nicht vergessen werden, dass jeder Rehbock ein individuelles Reaktionsmuster zeigt. Es gibt Böcke, die eher auf sanfte, verhaltene Laute reagieren, während andere gerade durch energische und fordernde Rufe in Bewegung geraten. Diese Unterschiede können von Charakter, Alter, Erfahrung und auch von der aktuellen Stimmungslage des Bockes abhängen. Daher ist es von besonderer Bedeutung, am Stand nicht nur auf einen einzigen Klang zu setzen, sondern unterschiedliche Tonarten und Lautstärken einzusetzen. So wird ein breites Spektrum an Reizen abgedeckt, das sowohl den zurückhaltenden als auch den offensiv auftretenden Bock ansprechen kann. Wer in dieser Hinsicht flexibel bleibt und die Töne während des Ansprechens variiert, erhöht die Chance, auch auf schwierige oder zögerliche Böcke wirksam einzuwirken. Dabei sollte stets mit Gefühl und Beobachtungsgabe vorgegangen werden, um den richtigen Moment und die passende Tonart für den jeweiligen Bock zu finden.

PRAXISTIPP

Wenn ein Rehbock auf größere Entfernung in Anblick kommt und deutlich erkennbar auf die Blattertöne reagiert, ist es oft sinnvoll, das weitere Vorgehen bewusst zu verlangsamen. Reagiert der Bock sehr willig und setzt zügig zum Zustehen an, kann ein zu intensives Weiterblatten dazu führen, dass er in allzu kurzer Zeit auf sehr nahe Distanz kommt oder den Jäger gar überläuft. Das mag zwar zunächst spektakulär wirken, kann jedoch die Möglichkeit eines

Der Jäger hat den Blatter im Mund und beide Hände frei. Die Schussabgabe ist so mit ein wenig Übung problemlos möglich.

sicheren und überlegten Schusses einschränken, insbesondere wenn er dann in einer ungünstigen Position, in zu dichter Deckung verhofft oder gar Wind bekommt.
In solchen Situationen ist es ratsam, den Blatter bereits frühzeitig in den Mund zu nehmen, um beide Hände für die Büchse frei zu haben. Geht man dann ruhig in den Anschlag, kann man jederzeit mit kleinen, sehr dosierten Lauten gezielt auf das Verhalten des Bockes einwirken. Kurze, zurückhaltende Reize genügen häufig, um ihn an genau die Stelle zu führen, an der ein sicherer und sauberer Schuss möglich ist und reduziert gleichzeitig das Risiko, dass er zu nahe kommt.

ERFOLGREICH BLATTEN – SCHRITT FÜR SCHRITT

- Standwahl: Deckung im Rücken, freies Schussfeld nach vorn, Wind im Gesicht. Ruhige, ungestörte Position wählen.
- Vorbereitung: Blatter griffbereit halten. Waffe so positionieren, dass sie lautlos in Anschlag gebracht werden kann. Bewegungen minimieren.
- Einstiegsphase: Drei bis fünf leise Fieplaute wie von einem Kitz oder einer ruhigen Ricke. Danach mindestens eine Minute Pause.
- Steigerung: Falls keine Reaktion erfolgt: Laute etwas intensiver und drängender gestalten. Zwei bis drei Serien mit Pausen von ein bis zwei Minuten.
- Höhepunkt: Letzter Reiz: Angstschrei einer bedrängten Ricke. Danach zwei bis drei Minuten Pause einhalten.
- Besondere Situation bei hoher Bockdichte: Perfekte Tonlage weniger entscheidend. Standortwahl und Überraschungsmoment sind wichtiger.
- Abschluss: Nach drei bis vier Serien Blattjagd am Standort beenden, 15 Minuten warten, Stand verlassen. Standort wechseln oder Jagd für den Tag einstellen.

VERHALTEN AUF DEM STAND

Das Verhalten des Jägers auf dem Blattjagdstand entscheidet häufig darüber, ob der Rehbock vertraut zusteht oder unbemerkt abzieht. Eine durchdachte Vorbereitung, Disziplin auf dem Stand und das richtige Gespür für den Moment sind entscheidende Faktoren für eine erfolgreiche Blattjagd. Wer planvoll und ruhig vorgeht, erhöht seine Chancen auf ein intensives Jagderlebnis erheblich. Bereits die Auswahl des Standes will mit Sorgfalt getroffen werden. Ideal sind Positionen, die sich unmittelbar im Einstand oder zumindest sehr einstandsnah befinden. Rehwild lässt sich besonders zuverlässig anlocken, wenn der Laut aus dem vertrauten Umfeld zu kommen scheint. Ein zu weit vom Einstand entfernter Stand verringert nicht nur die Wirksamkeit der Lockrufe, sondern erhöht auch das Risiko, dass der Bock auf dem Weg zum Stand das Spiel durchschaut und abspringt.

DER WIND MUSS PASSEN

Der Wind ist mit das wichtigste Kriterium vor dem Einnehmen des Standes. Der Jäger muss sicherstellen, dass der Wind aus dem vermuteten Einstand des Bockes in seine Richtung steht – Augenwind also. Nur so ist gewährleistet, dass der Bock den Menschen nicht wittert, wenn er den Locklauten folgt. Weht der Wind quer oder gar in Richtung des Einstandes, ist der Ansitz in aller Regel von vornherein zum Scheitern verurteilt.
Nach dem Erreichen des Standes erfolgt zunächst ein kurzer Überblick über die Umgebung. Es wird beobachtet, ob sich bereits Wild in Anblick befindet, ob Bewegungen wahrgenommen werden können oder wo sich Schusskorridore befinden. Erst nach dieser ersten Einschätzung beginnt das eigentliche Einrichten des Standes. Wer von einem Drückjagdbock aus jagt, nutzt die Gelegenheit, diesen mit einem Tarnnetz zu verblenden, sofern dies bei der Standvorbereitung noch nicht geschehen ist. Der Jäger

Bevor die ersten Töne gespielt werden, sollte sich der Jäger im Blattjagdstand einrichten.

Das Scharren mit dem Fuß auf dem Waldboden verleiht der Blattjagdarie zusätzlichen Reiz.

Durch das Zerbrechen von Ästen kann der Jäger die simulierte Situation zusätzlich realistischer gestalten.

hat idealerweise stets ein solches Netz im Rucksack. Preiswerte Tarnschals aus dem Jagdfachhandel bieten sich hier besonders an. Mit wenigen Handgriffen lässt sich damit ein Sichtschutz errichten, der dem Wild die direkte Sicht auf die Bewegungen des Jägers nimmt. Über die Blattjagd hinaus, lässt sich solch ein Schal auch bei allen anderen Jagdarten sinnvoll nutzen.

Hinter dieser Deckung richtet der Jäger seine Ausrüstung so aus, dass sie griffbereit liegt und im entscheidenden Moment keine unnötigen Bewegungen erfordert. Ein Fernglas mit integriertem Entfernungsmesser, ein oder mehrere Blatter, eventuell eine Trinkflasche oder Anti-Mückenspray, alles hat seinen festen Platz. Je klarer die Ordnung, desto leiser und bewegungsärmer das spätere Handeln. Besonders wichtig ist auch die Position des Pirschstocks. Er muss so aufgestellt sein, dass der Jäger aus der Deckung heraus sicher und präzise schießen kann, ohne sich dazu für das Wild sichtbar zu bewegen.

Erst wenn Ruhe eingekehrt ist, beginnt die eigentliche Lockjagd. Die erste Lautfolge wird ruhig und gezielt vorgetragen. Meist beginnt der Jäger mit dem Fiepen einer Ricke. Drei bis fünf saubere Laute, danach absolute Stille. Es folgt eine Pause von ca. fünf Minuten, in der kein Geräusch zu hören sein sollte. Danach beginnt die nächste Arie, erneut ruhig, vielleicht etwas drängender. Wenn auch nach der dritten oder vierten Serie keine Reaktion erfolgt, steigert der Jäger die Intensität.

ZUNEHMENDE INTENSITÄT

Jetzt folgt das Rickenangstgeschrei. Es ist schriller, fordernder und weckt die Instinkte des Bockes auf mehreren Ebenen. In dieser Phase kann es sehr erfolgversprechend sein, den akustischen Eindruck weiter zu verstärken, indem zusätzliche Geräusche erzeugt werden. Wer mit dem Fuß vorsichtig auf den Boden tritt und so das Plätzen eines Rehbockes imitiert, erzeugt ein authentisches Geräusch, das dem natürlichen Revierverhalten eines Bockes nachempfunden ist.
Auch das gezielte Rascheln mit Ästen oder das kontrollierte Zerbrechen trockener Zweige kann hilfreich sein.

Diese Geräusche wirken wie das hektische Treiben eines Bockes, der einer Ricke nachsetzt. Die Kombination aus akustischen Locklauten und begleitenden natürlichen Geräuschen kann beim Rehbock die Überzeugung verstärken, dass sich eine Ricke in unmittelbarer Nähe befindet und derzeit von einem Rivalen getrieben wird. Derartige Reize rufen Territorialverhalten, Neugier und Paarungstrieb gleichermaßen hervor. Auch hier gilt: Nach jeder Serie und jedem akustischen Reiz folgt wieder eine Pause. Stille ist wichtiger Bestandteil des Blattens. Sie gibt dem Bock die Gelegenheit, zu reagieren, sich zu nähern, zu sichern. Bleibt die Reaktion aus, kann der Grund dafür sein, dass der Bock bereits eine Ricke treibt und nicht bereit ist, sich auf eine andere einzulassen. In solchen Fällen ist der Kitzfiep das Mittel der Wahl. Er wirkt weniger provozierend, spricht den Mutterinstinkt der Ricke an und kann dazu führen, dass die Ricke das Liebesspiel unterbricht, um nach dem vermeintlich fiependen Kitz zu sehen. Die Ricke hat dann oft den Bock im Schlepptau.

Erfolgt aber auch dann keine Reaktion, ist es an der Zeit, den Stand zu verlassen. Doch dies geschieht nicht unüberlegt. Der Jäger wechselt nicht einfach zum nächsten Stand in unmittelbarer Nähe, sondern setzt bewusst eine ganze Waldabteilung um. Idealerweise liegen zwischen dem eben bejagten Platz und dem nächsten mindestens dreihundert Meter. So wird vermieden, dass derselbe Bock erneut mit unseren Lockarien angesprochen wird.

BLATTEN IM OFFENLAND

Ein besonderer Fall ist die Blattjagd im Offenland. Vor allem ältere, reife Rehböcke zeigen hier ein sehr vorsichtiges Verhalten. Sie reagieren durchaus auf die akustischen Locklaute, treten jedoch oft nur bis an den Waldrand, bleiben an der Lichtgrenze ste-

Steht ein Bock bei einer Ricke, kann diese mit dem Kitzfiep gelockt werden. Der Bock wird in der Regel folgen.

Der Bock ist aus dem Wald kommend in Richtung des blattenden Jägers gezogen und hat die Rehattrappe nun fest im Blick.

hen und sichern intensiv in Richtung der offenen Fläche. Was dann fehlt, ist der optische Reiz. Der Ruf allein reicht nicht aus, um den Bock endgültig aus der Deckung zu locken. Einige Jäger setzen in dieser Situation bewusst auf visuelle Reize. Eine gegerbte Sommerdecke eines Rehs, die auf einen Holzbock gespannt wird, kann genügen, um den Bock zum Zustehen zu bewegen. Alternativ gibt es spezielle Blattjagdkarusselle oder realistisch gestaltete Pappsilhouetten von Rehen. Auch der eigene Jagdhund kann als optischer Lockvogel dienen. Diese Reize vermitteln dem Bock zusätzliche Sicherheit und verstärken die Wirkung der Töne. Wichtig ist dabei, dass die optischen Hilfsmittel sinnvoll zwischen Rehbock und Jäger platziert werden.
Beim Wechsel zum nächsten Stand beginnt das gleiche Prozedere von vorn: Wind prüfen, Stand tarnen, Umgebung beobachten, Ausrüstung ausrichten, Lautfolgen mit System in Richtung Einstand schicken. Diese stringente Herangehensweise ist nicht nur Ausdruck jagdlicher Sorgfalt, sondern erhöht die Erfolgsaussichten erheblich. Disziplin, Geduld und ein klares System machen oft den Unterschied. Auf dem Stand entscheidet sich, ob aus dem Reiz der Blattjagd ein wirklicher Erfolg wird. Wer ruhig, überlegt und mit feinem Gespür agiert, wird mit unvergesslichen Momenten belohnt.

Es hat geklappt. Unweit der Attrappe hat der Blattjäger den Bock erlegt.

VERHALTEN AUF DEM BLATTJAGDSTAND

Vorbereitung:

— Windrichtung vor dem Angehen prüfen. Ideal: vom Einstand zum Stand.
— Nur windgünstige Stände angehen.
— Stand im oder direkt am Einstand des vermuteten Bockes wählen.
— Geräuscharm und verdeckt angehen.

Einrichten:

— Kurze Beobachtung der Umgebung.
— Bei Drückjagdbock: Tarnnetz als Sichtschutz anbringen.
— Tarnschal aus Fachhandel als günstige, flexible Lösung.
— Fernglas, Entfernungsmesser, Blatter, Mückenspray griffbereit platzieren.
— Pirschstock sicher/stabil aufbauen, freies Schussfeld sicherstellen.

Ablauf der Blattjagd:

— Start mit zwei Serien Rickenfiep, dazwischen ca. fünf Minuten Pause.
— Danach: Übergang zum Rickenangstgeschrei.
— Geräuschkulisse verstärken: mit Fuß Plätzen imitieren, Äste brechen oder rascheln.
— Abschluss mit Kitzfiep, falls keine Reaktion erfolgt.
— Maximal drei bis vier Serien pro Stand.

Nach der Blattjagd am Stand:

— Bei ausbleibender Reaktion, ruhig abbaumen.
— Neuen Stand anwechseln, aber mit mindestens 300 Meter Abstand zum vorherigen Stand einhalten.

Sonderfall Offenland:

— Reife Böcke bleiben oft an der Lichtgrenze stehen.
— Es fehlt der optische Reiz.
— Lösung: gegerbte Sommerdecke auf Holzgestell, Rehsilhouette aus Pappe oder Blattjagdkarussell aufstellen.
— **Merke:** Weniger ist mehr: gezielte Reizsteigerung statt Dauerbeschallung.
— Bewegungen minimieren, Lockreize glaubwürdig setzen.
— Standdisziplin und Ruhe zahlen sich aus.

TYPISCHE BLATTJAGDFEHLER

Wer in diesen Minuten den Überblick verliert oder kleine Details übersieht, riskiert den Jagderfolg, oft ohne eine zweite Chance. Während theoretisches Wissen eine gute Grundlage schafft, entscheidet letztlich die praktische Umsetzung auf dem Stand darüber, ob der Rehbock zusteht oder nicht. Die typischen Fehler, die in der Praxis immer wieder passieren, sind meist banal, aber in ihrer Wirkung folgenschwer.

Zu wenig Vorbereitung auf dem Stand

Wer seinen Stand nicht vor Beginn der Blattjagd sorgfältig vorbereitet, verschenkt wertvolle Chancen. Das beginnt bereits mit der Ausrüstung: Ein häufiger Fehler ist, dass das Zielfernrohr mit zu hoher Vergrößerung eingestellt ist. Rehwild erscheint bei der Blattjagd oft plötzlich und in kurzer Entfernung. Muss der Jäger dann erst mühsam das Wild ins Glas bekommen, während die Vergrößerung noch auf acht- oder zehnfach steht, ist es in vielen Fällen bereits zu spät. Die richtige Vorbereitung bedeutet daher, die Vergrößerung zunächst möglichst klein einzustellen, zum Beispiel auf zwei- oder dreifach, um ein größeres Sehfeld zu nutzen. So kann das Wild schnell erfasst und bei Bedarf noch hochgedreht werden.

Gewehrriemen nicht demontiert

Ein weiterer häufiger und oft übersehener Fehler ist das Belassen des Gewehrriemens an der Büchse. Wenn die Situation es erfordert, den Pirschstock umzusetzen oder die Schussposition leicht zu verändern, beginnt der Riemen zu pendeln. Dieses minimale Wackeln kann vom Rehbock wahrgenommen werden, denn Rehwild reagiert extrem sensibel auf Bewegungen, besonders auf kurze Distanzen wie sie bei der Blattjagd jedoch häufig vorkommen. Viele Böcke springen genau in dem Moment ab, wenn sich der Gewehrriemen nach verändern des An-

Der Gewehrriemen sollte vor der Jagd demontiert werden.

Insektensprays können dafür sorgen, dass Mücken zuverlässig abgehalten werden. Ein Wegschlagen der Insekten ist somit nicht nötig und sorgt für Ruhe im Blattjagdstand.

schlags bewegt. Wer seine Ausrüstung kennt und vorbereitet ist, nimmt den Riemen bereits vor der ersten Lockserie ab oder sichert ihn so, dass keinerlei Bewegung möglich ist.

Zu frühes Blatten ohne Übersicht

Ein grundlegender Fehler vieler Jäger ist es, auf dem Stand sofort zu musizieren, ohne die Situation vor Ort zu überblicken. Wer direkt nach dem Eintreffen mit dem Blatten beginnt, läuft Gefahr, Rehwild in der Nähe unnötig zu vergrämen. Vielleicht steht ein Bock bereits sichernd in Hörweite und wird durch Bewegungen oder Laute frühzeitig misstrauisch. Besser ist es, sich nach dem Einrichten zunächst ruhig zu verhalten, die Umgebung mit dem Fernglas zu sondieren und erst nach rund 15 bis 20 Minuten mit der ersten Lockserie zu beginnen.

Unruhige Bewegungen während der Ansitzphase

Der Erfolg bei der Blattjagd kann auch dadurch ausbleiben, weil der Jäger sich während der Wartezeiten zu viel bewegt. Jede unnötige Bewegung, sei es das Zurechtrücken der Kleidung, das Vertreiben von Stechmücken oder das Greifen nach einer Wasserflasche kann dem zustehenden Bock auffallen. Wer sein Verhalten auf dem Stand nicht konsequent diszipliniert, wird selbst rasch zum entscheidenden Störfaktor. Besonders im Nahbereich, wenn der Bock auf wenige Meter zusteht, entscheidet absolute Bewegungsarmut über Erfolg oder Misserfolg.

Bis auf wenige Meter hat sich der Bock dem Jäger genähert. Jetzt bloß nicht bewegen!

Verblatten durch falsches Verhalten

Ein besonders gefürchteter Fehler ist das sogenannte Verblatten. Darunter versteht man, dass der Rehbock den Locklaut mit dem Menschen in Verbindung bringt. Das geschieht typischerweise, wenn der Jäger gleichzeitig mit dem Blatten Bewegungen macht oder vom Bock direkt eräugt wird. Zu laute oder unnatürliche Lautfolgen führen meist nicht dazu, dass der Bock den Ursprung des Lautes misstrauisch einordnet und abspringt. Einmal verblattet, reagiert der Bock, zumindest an diesem Tag, meist nicht mehr.

Zu schnelles oder übertriebenes Steigern der Lockserien

Viele Jäger werden nervös, wenn nach den ersten Serien keine Reaktion erfolgt. In der Folge steigern sie die Lautstärke und Intensität zu früh. Dabei ist Geduld gefragt. Der Ablauf einer Blattserie sollte fein abgestimmt sein. Erst wenn mehrere ruhig gesetzte Serien wirkungslos bleiben, sollte die Tonlage gesteigert werden, etwa durch das energische Angstgeschrei der Ricke. Wer hingegen zu früh mit dramatischen Tönen beginnt, riskiert Misstrauen und Vergrämung.

Unüberlegtes Einsetzen zusätzlicher Reize

Vor allem im Offenland kann es vorkommen, dass ein reifer Bock auf den Lockruf reagiert, aber an der Lichtgrenze zum Waldrand verharrt und sich nicht weiter nähert. Ein häufiger Fehler besteht nun darin, ohne Vorbereitung in dieser Phase hektisch zu reagieren. Stattdessen sollte der Jäger von vornherein mitdenken und optische Reize vorbereiten. Eine gegerbte Sommerdecke, eine Pappsilhouette oder ein spezieller Rehattrappenaufbau können den nötigen Impuls liefern. Wer dies nicht vorbereitet hat, vergibt möglicherweise seine einzige Chance.

Nicht angepasster Ablauf der Serien

Jede Lockserie sollte planvoll aufgebaut sein. Wer wahllos Töne aneinanderreiht, ohne zwischen den Serien ausreichend Pause zu machen, erzeugt ein unnatürliches Bild der Laute. Es ist wichtig, nach jeder Lautfolge

Bis zum Waldrand stand dieser Bock zu. Doch nun fehlt für das weitere Austreten ein optischer Reiz.

Die Fieplaute sollten bei der Blattjagd nicht wahllos aneinandergereiht werden.

etwa drei bis fünf Minuten Stille einkehren zu lassen. In dieser Phase sichert der Bock, ortet die Quelle der Geräusche und beginnt oft erst dann, sich zu nähern. Der Fehler liegt hier in der Ungeduld. Viele Jäger überschätzen die Geschwindigkeit, mit der der Bock auf akustische Reize reagiert.

Fehlende Kenntnis des eigenen Reviers

Ein gravierender Fehler ist es, ohne ausreichende Kenntnis des Revieres zu blatten. Wer nicht weiß, wo die Böcke ihre Einstände haben, wie der Wind dort steht und welche Geländebesonderheiten wirken, kann keine gezielte Lockjagd durchführen. Das heißt nicht, dass es nicht auch reizvoll sein kann, an unbekannten Orten im Revier zu blatten und einfach mal zu schauen, was sich so ergibt. Erfolgsorientierte Blattjagd allerdings ist kein Zufallsprodukt, sondern das Ergebnis intensiver Revierbeobachtung, sorgfältiger Analyse und strategischer Standplatzwahl.

FAZIT

Die häufigsten Fehler bei der Blattjagd entstehen nicht aus fehlendem Fachwissen, sondern aus Nachlässigkeit, Hektik und unzureichender Vorbereitung. Wer sein Vorgehen diszipliniert plant, vieles im Vorfeld kontrolliert und auf dem Stand mit maximaler Sorgfalt agiert, vermeidet jene Stolpersteine, an denen viele Jäger scheitern. Die Blattjagd belohnt den ruhigen, durchdachten Jäger, nicht denjenigen, der zu schnell zu viel will.

SICHERHEIT BEI DER BLATTJAGD

Der sichere Umgang mit der Waffe, die strikte Beachtung des Kugelfangs und ein besonnenes Handeln stehen immer an erster Stelle. Dies gilt umso mehr, da während der Blattjagd oft auf kurze Distanzen geschossen wird, häufig aus bodennahen Positionen und mit großkalibrigen Waffen.

KONTROLLE DER AUSRÜSTUNG

Sicherheit beginnt nicht erst auf dem Stand, sondern bereits weit vorher. Eine zuverlässig funktionierende, sauber gepflegte Waffe ist Voraussetzung für eine sichere Jagdausübung. Der Pirschstock muss stabil und in gutem Zustand sein. Ein instabiles Gestänge oder lose Gelenke können gefährlich werden. Auch die Munition muss auf das Wild abgestimmt sein – sie muss sicher töten und darf nicht unnötig weit abprallen. Ein häufig übersehener Aspekt ist die Kontrolle des Sicherungsmechanismus. Dieser muss zuverlässig und geräuscharm bedienbar sein. Wer während der Blattjagd mit der Sicherung kämpft oder sie mit einem lauten Klicken löst, kann sowohl sich als auch das Wild gefährden.

Kupiertes Gelände bietet häufig natürlichen Kugelfang.

KUGELFANG

Ausreichender Kugelfang ist absolute Grundvoraussetzung für jeden sicheren Schuss. Vor allem bei der Blattjagd, wo der Jäger sich häufig bodennah positioniert, ist die Gefahr eines unzureichenden Kugelfangs besonders groß. Der Rehbock wird herangeblattet, kommt meist frontal oder seitlich aus dem Einstand und bietet oft nur kurze Schussgelegenheit. In dieser dynamischen Situation darf nie vergessen werden, den Hintergrund zu prüfen. Der Schuss darf ausschließlich dann angetragen werden, wenn sich hinter dem Stück ein natürlicher Kugelfang aus gewachsenem Boden befindet. Ein Hang, eine Geländestufe oder ein Erdwall bieten ideale Bedingungen. Flaches Gelände ohne sichtbaren Anstieg oder gar freie Fläche dahinter sind dagegen tabu. Auch das Wechseln der Position während der Blattjagd kann dazu führen, dass sich der Kugelfang verändert, deshalb muss dieser vor jedem Schuss neu kontrolliert werden. Es ist ratsam, nach Einnehmen des Standes, Bereiche mit und ohne Kugelfang zu erkennen und diese zu berücksichtigen. Wer vom Boden aus jagt, etwa aus einem selbst gebauten Erdschirm, einem mobilen Tarnstand oder einer Deckung aus natürlicher Vegetation, trägt eine besondere Verantwortung. Anders als vom Hochsitz aus erfolgt der Schuss fast waagerecht, was bei einer verfehlten Kugel eine erhebliche Gefährdung für Mensch und Tier bedeuten kann. Der flache Schusswinkel verringert den Sicherheitsbereich drastisch. Auch bei niedrigeren Drückjagdböcken ist größte Vorsicht geboten. Der Schuss darf niemals flach über den Boden geführt werden. Im Zweifel ist der Schuss zu unterlassen.

DISZIPLIN IM UMGANG MIT DER WAFFE

Neben dem Kugelfang ist auch der Umgang mit der Waffe selbst ein entscheidender Sicherheitsfaktor. Die Waffe ist während der gesamten Blattjagd sicher zu führen. Beim Angehen an den Stand darf die Waffe geladen und gesichert bzw. entspannt sein. Vor dem Aufbaumen muss das Patronenlager geleert werden und darf erst nach erfolgtem

Insbesondere bei der Jagd von Bodenständen aus, muss der Jäger auf Hindernisse zwischen Laufmündung und Ziel achten.

Aufbaumen wieder geladen werden. Der Lauf ist immer in eine sichere Richtung zu führen. Wer mit dem Pirschstock arbeitet, muss dessen Handhabung routiniert beherrschen. Ein unsicheres Aufsetzen, ein Verrutschen oder eine instabile Auflage können im entscheidenden Moment gefährlich werden. Die Schussabgabe darf nur erfolgen, wenn der Pirschstock sicher steht und der Schuss ruhig und kontrolliert ausgeführt werden kann. Besonders unter erhöhter Anspannung, wenn der Bock bis auf wenige Meter zusteht, darf keine Hektik aufkommen. Wer in diesem Moment noch beginnt, den Pirschstock umzusetzen oder die Position zu verändern, läuft Gefahr, unkontrollierte Bewegungen auszuführen. Gerade deshalb ist es entscheidend, den Stand so vorzubereiten, dass die Waffe frühzeitig in Anschlag gebracht und sicher gehalten werden kann. Der Zielvorgang muss kontrolliert, die Schussabgabe willentlich und bewusst erfolgen.

Ein häufig übersehener Sicherheitsaspekt ist die Kontrolle des Schussfeldes. Vor allem bei der Jagd aus natürlicher Deckung oder hinter einem Tarnnetz ist unbedingt darauf zu achten, dass sich zwischen Laufmündung und dem anvisierten Stück keine Äste, Zweige oder hohes Gras befinden. Schon ein kleiner Ast, den man im Tunnelblick übersieht, kann zur Ablenkung des Geschosses führen und unkalkulierbare Risiken verursachen. Deshalb sollte das Sichtfeld nach dem Aufbau des Standes sorgfältig geprüft werden. Probeanschläge sollten in jedem Fall durchgeführt werden. Sie helfen, mögliche Hindernisse frühzeitig zu erkennen.

Die Blattjagd ist eine faszinierende, aber auch fordernde Jagdform. Vor allem weil sie so nah zum Wild und intensiv ist, stellt sie höchste Ansprüche an die Sicherheit. Jeder Jäger trägt hier eine besondere Verantwortung, nicht nur für sich selbst, sondern auch für das Wild, seine Mitmenschen und die Glaubwürdigkeit der Jagd insgesamt. Wer

Erst kurz vor dem Schuss wird die Waffe gespannt und der Finger wandert an den Abzug.

SICHERHEITS-CHECKLISTE

- Wähle den Stand so, dass ein sicherer Kugelfang gegeben ist – etwa gewachsener Boden, wie beispielsweise in Hanglage.
- Nutze den Pirschstock nur, wenn er sicher und stabil steht. Improvisierte Auflagen sollten nicht verwendet werden.
- Richte die Schussrichtung so aus, dass keine Personen gefährdet werden können.
- Entferne den Gewehrriemen rechtzeitig, um Bewegungen beim Umsetzen zu vermeiden.
- Stelle das Zielfernrohr bereits vor der Blattserie auf eine geringe Vergrößerung ein, um einen möglichst großen Bereich einsehen zu können.
- Verzichte auf freihändige Schüsse.
- Behalte nach dem Schuss die Umgebung im Blick und bewege dich kontrolliert und ruhig.
- Sicherheit ist bei der Blattjagd das oberste Gebot. Der beste Schuss ist der, den man nicht abgibt, wenn er nicht sicher ist.

auf einem sicheren Stand mit klarer Übersicht, kontrollierter Ausrüstung und einem ruhigen, bewussten Handeln jagt, legt den Grundstein für eine waidgerechte und unfallfreie Blattjagd. Sicherheit ist kein Randthema, sie ist die Grundlage allen jagdlichen Handelns.

WILDBRETHYGIENE BEI DER BLATTJAGD

Die Blattjagd findet in einer Jahreszeit statt, in der hohe Temperaturen die Regel sind. Häufig liegen die Werte deutlich über fünfundzwanzig Grad, nicht selten erreichen sie im Hochsommer sogar dreißig Grad oder mehr. Diese klimatischen Bedingungen stellen besondere Anforderungen an die Wildbrethygiene, da Hitze und Insektenbefall das Fleisch des erlegten Wildes rasch beeinträchtigen können. Der Jäger trägt hier eine hohe Verantwortung, denn nur absolut sauberes, hygienisch einwandfreies Wildbret darf dem menschlichen Verzehr zugeführt werden. Nach dem Schuss auf einen Rehbock während der Blattjagd beginnt der entscheidende Abschnitt der Wildbretversorgung sofort. Anders als bei anderen Jagdarten, bei denen man aus jagdstrategischen Gründen noch einige Minuten wartet, um umstehendes Wild nicht zu beunruhigen, ist dies bei der Blattjagd von untergeordneter Bedeutung. Die Priorität liegt hier auf der raschen Bergung und Versorgung des Stückes. Hohe Temperaturen führen dazu, dass das Wildbret innerhalb kurzer Zeit verhitzt. Die Körperwärme des Stückes kann nicht entweichen, und es entsteht ein idealer Nährboden für Bakterien. Schon wenige Minuten Verzögerung können die Qualität erheblich mindern.

Ein weiteres Problem im Sommer ist das schnelle Anlocken von Fliegen. Bereits nach wenigen Minuten können sich zahlreiche Insekten auf dem erlegten Stück niederlassen, um ihre Eier abzulegen. Dies mindert nicht nur die Qualität, sondern kann das

Die Blattjagd findet häufig an besonders heißen Tagen statt. Das stellt den Jäger vor besondere Herausforderungen.

An warmen Sommertagen finden sich am erlegten Wild rasch Fliegen ein.

Wildbret ungenießbar machen. Deshalb sollte der Jäger nach dem Schuss seine Ausrüstung ruhig, aber zügig zusammenpacken, um sich dann unmittelbar auf den Weg zum Stück zu machen.

UMGEHEND BERGEN UND AUFBRECHEN

Das Bergen sollte so erfolgen, dass unnötige Verschmutzungen vermieden werden. Anschließend wird der Rehbock umgehend aufgebrochen. Ob dies direkt im Revier oder erst an der Wildkammer geschieht, hängt von den Gegebenheiten ab. Entscheidend ist jedoch, dass es sauber und gewissenhaft ausgeführt wird. Ziel ist, den Körper so schnell wie möglich zu entlüften und zu kühlen. Wer während der Blattjagd mehrere Stände hintereinander bejagen möchte und dabei einen längeren Weg bis zur Wildkammer hat, sollte sich vorab Gedanken machen, wie er die Wildbrethygiene auch unter diesen Umständen auf höchstem Niveau halten kann. Eine bewährte Möglichkeit ist, das Wild direkt im Revier aufzubrechen. Hierbei ist allerdings eine gewissenhafte Vorbereitung unerlässlich. Unverzichtbar ist ein Kanister mit frischem Trinkwasser, um den Wildkörper nach dem Aufbrechen gründlich auszuspülen. Dabei sollte unbedingt darauf geachtet werden, dass das Wasser wirklich frisch ist und nicht schon seit Tagen oder Wochen im Kanister steht. Selbst Leitungswasser kann in einem verschlossenen Kanister mit der Zeit verkeimen oder faulen. Wer auf Nummer sicher gehen will, befüllt den Kanister unmittelbar vor dem Jagdeinsatz.

Will der Jäger vor Ort im Revier aufbrechen, muss stets ausreichend frisches Trinkwasser mitgenommen werden.

Aus hygienischen Gründen sollten beim Aufbrechen stets Einweghandschuhe getragen werden.

Zum Aufbrechen empfiehlt es sich, Einweghandschuhe mitzuführen, um sauber und hygienisch arbeiten zu können. Ebenso gehört ein scharfes Jagdmesser in den Rucksack. Besonders praktisch ist zusätzlich ein sogenanntes Gekrösemesser ohne Spitze, mit dem sich Bauchhöhle und Brustkorb öffnen lassen, ohne die inneren Organe zu verletzen. So wird verhindert, dass Pansen oder Darm versehentlich angeschnitten werden und den Wildkörper verunreinigen. Vor allem beim Aufbrechen im Revier gilt es, besonders sorgfältig vorzugehen. Diese Methode sollte in der Regel nur bei gut geschossenen Stücken angewendet werden, bei denen Pansen und Darm unversehrt geblieben sind. Ist dies der Fall, kann das Stück nach dem Aufbrechen mit frischem Trinkwasser gründlich ausgespült werden. Damit das Wild nach dem Aufbrechen auslüften kann, wird es idealerweise an einer schattigen Stelle im Revier aufgehängt. Ein spezielles Fliegennetz, wie es im Jagdfachhandel erhältlich ist, schützt den Wildkörper in dieser Zeit zuverlässig vor Insektenbefall. So bleibt das Wildbret bis zum Abtransport bestmöglich erhalten.

Im Fachhandel sind Messer zu bekommen, die sowohl über eine normale als auch eine Aufbrechklinge verfügen.

Nach dem Aufbrechen wird das Wild in der Kühlzelle gelagert.

Nachdem alle geplanten Blattjagdstände bejagt wurden, können die aufgebrochenen Stücke eingesammelt und zur Wildkammer gebracht werden. Dort empfiehlt es sich, den Wildkörper erneut mit frischem Leitungswasser auszuspülen, bevor er sauber in die Kühlung gehängt wird. In der Kühlung kann der Wildkörper unter kontrollierten Bedingungen auskühlen, was nicht nur der Haltbarkeit, sondern auch dem Geschmack zugutekommt. Die Einhaltung dieser Grundsätze ist nicht nur ein Zeichen von Professionalität, sondern auch eine gesetzliche Pflicht. Der Jäger muss sicherstellen, dass das erlegte Wild ohne hygienische Mängel in die Lebensmittelkette gelangt. Sorgfalt und Schnelligkeit nach dem Schuss sind daher bei der Blattjagd keine Option, sondern eine zwingende Notwendigkeit. Ist das Versorgen des Bockes ordnungsgemäß geschehen, kann mit gutem Gewissen an anderer Stelle weitergejagt werden.

CHECKLISTE: WILDBRETHYGIENE

Vorbereitung vor dem Jagdtag: Frisch befüllten Kanister mit Trinkwasser mitnehmen. Scharfes Jagdmesser und Gekrösemesser ohne Spitze einpacken. Einweghandschuhe bereitlegen. Fliegennetz und ausreichend stabile Aufhängemöglichkeit ins Revierfahrzeug legen. Sauberes Sitzkissen oder Plane zum Ablegen des Stückes bereithalten.

Unmittelbar nach dem Schuss: Ruhig, aber zügig zum Stück gehen. Darauf achten, dass das Wild beim Bergen nicht unnötig verunreinigt wird. Sofort mit dem Aufbrechen beginnen, wenn Witterung und Situation es erfordern.

Aufbrechen im Revier: Nur bei gut geschossenen Stücken mit unversehrtem Pansen und Darm durchführen.Einweghandschuhe tragen, um hygienisch einwandfrei zu arbeiten. Bauchhöhle und Brustkorb vorsichtig öffnen, ohne Organe zu verletzen. Mit frischem Trinkwasser gründlich ausspülen.

Zwischenlagerung im Revier: An einer schattigen, luftigen Stelle aufhängen. Mit Fliegennetz abdecken, um Insektenbefall zu verhindern. Stück nicht auf den Boden legen, um Verschmutzungen zu vermeiden.

Transport in die Wildkammer: Aufgebrochene Stücke in einer Wildwanne transportieren. In der Wildkammer erneut ausspülen.Sofort in die Kühlung hängen.

Allgemeine Grundsätze: Sauberkeit hat oberste Priorität. Hitze und Insekten sind die größten Gefahren für die Wildbretqualität. Jede Verzögerung kann die Qualität des Wildbrets mindern.

REHWILD ANSPRECHEN

Blattjagdsituationen sind häufig hektisch. Viel Zeit zum Ansprechen bleibt da nicht. Im nachfolgenden Abschnitt gibt der Autor Einblicke in seine Ansprechergebnisse bei verschiedenen Rehböcken.

Obwohl dieser Rehbock auf den ersten Blick jugendlich wirkt – bedingt durch seinen eher schmalen Träger –, deuten die tiefsitzenden Rosen und das lange Haupt auf ein fortgeschritteneres Alter hin. Auch der deutlich ausgeprägte Widerrist spricht für einen älteren Bock. Da die Gehörnentwicklung abnorm erscheint, würde ich diesen Bock erlegen. Geschätztes Alter: 4–6 Jahre.

Oberhalb des Windfangs ist ein deutlicher Muffelfleck zu erkennen, der in der Literatur teilweise als Altersmerkmal beschrieben wird. Der Rehbock wirkt im Wildbret nicht besonders stark, und die Rosen sitzen noch relativ hoch auf dem Haupt. Ich gehe hier von einem mittelalten, schwach veranlagten Bock aus.

Ein kräftiger Rehbock: starker Träger, graues Haupt, kräftige Stangen und beginnende seitliche Rosenbildung – alles Anzeichen eines Bockes im besten Alter. Ich würde ihm noch ein weiteres Jahr zur Entwicklung geben.

Kurze Stangen, starke Perlung, gering vereckt – und ein jugendlich wirkender Ausdruck. Ein interessanter, zweijähriger Rehbock.

Der erste Eindruck täuscht nicht: ein starker Bock. Die Stangen sind doppelt lauscherhoch, stark vereckt, mit massivem Träger und ernstem Ausdruck. Mehr geht kaum! Diesen Bock würde ich erlegen. Geschätztes Alter: 5–7 Jahre.

Ein klassischer Zukunftsbock: hohe Rosenstöcke, gutes sechsendiges Gehörn, schmaler Träger – der Inbegriff eines „Bilderbuch-Sechsers". Geschätztes Alter: etwa 2 Jahre.

Hier passt der Wildkörper nicht recht zum Gehörn. Starker Träger, kräftiges, graues Haupt und tiefsitzende Rosen deuten auf einen reifen Bock mit schwächerer Gehörnentwicklung hin. Geschätztes Alter: 7–9 Jahre

Graues Haupt und lange Stangen – zunächst beeindruckend. Doch Vorsicht: die verhältnismäßig hohen Rosenstöcke verraten einen Zukunftsbock. Geschätztes Alter: 4–5 Jahre.

Ein alter Herr. In der Verlängerung der geschnürten Stangen sind die stark seitlich sitzenden Rosen deutlich zu erkennen. Dieser Rehbock war mir wohl bekannt; zum Zeitpunkt der Aufnahme schätzte ich ihn auf etwa zehn Jahre. Ein Jahr später fand ich ihn verendet in seinem Einstand.

BLATTJAGD IM ROTWILDREVIER

Die Durchführung der Blattjagd in einem Revier, in dem Rotwild als Standwild lebt, ist eine besondere jagdliche Herausforderung.

Während die Aufmerksamkeit des Jägers auf den Rehbock gerichtet ist, muss gleichzeitig bedacht werden, dass Rotwild als unsere größte heimische Wildart zugleich die empfindlichste gegenüber Störungen ist. Schon kleine Unachtsamkeiten können dazu führen, dass Rotwild seine Lebensraumnutzung verändert, was nicht nur den Jagderfolg beeinträchtigt, sondern auch langfristige Folgen für den Wald haben kann. Ein zentrales Ziel der Blattjagd im Rotwildrevier ist es daher, das Rotwild so wenig wie möglich zu beunruhigen. Die Auswahl des Standortes spielt dabei eine entscheidende Rolle. Kernzonen, in denen das Rotwild tagsüber ruht, dürfen nicht betreten werden. Auch stark frequentierte Äsungsflächen, welche das Rotwild regelmäßig aufsucht, sind für die Blattjagd ungeeignet. Eine einmalige Störung an solchen Orten genügt häufig, um das Rotwild dort für längere Zeit zu vergrämen. Dies führt un-

Kernzonen im Revier, in denen sich Rotwild am Tag aufhält, sind für die Blattjagd tabu.

Bei der Blattjagd können gezielt Flächen angegangen werden, auf denen Rotwild nicht erünscht ist.

weigerlich dazu, dass es vermehrt im Wald äst und dadurch Schälschäden und Verbiss im Jungwuchs ansteigen. Erfolgreicher ist es, Blattjagdstände in Übergangszonen zu wählen, in denen Rehwild seinen Einstand bezieht, ohne das Rotwild in seinen sensiblen Bereichen zu beunruhigen.

In jedem Rotwildrevier gibt es aber auch Zonen, in denen die Anwesenheit von Rotwild nicht erwünscht ist. Dazu gehören empfindliche Aufforstungen, junge Kulturen oder landwirtschaftlich genutzte Flächen, die durch Rotwild erheblich geschädigt würden. Gerade in diesen Bereichen kann die Blattjagd gezielt eingesetzt werden. Während der Rehbock auf die Locklaute reagiert, führt die Anwesenheit des Jägers und die erzeugte Unruhe dazu, dass das Rotwild diese Flächen meidet und auf weniger sensible Standorte ausweicht. So erfüllt die Blattjagd hier eine doppelte Funktion: Sie dient der selektiven Bejagung des Rehbockes und gleichzeitig dem Schutz gefährdeter Flächen. Auch die Pirsch zum Stand verlangt größte Umsicht. Rotwild reagiert auf Störungen weitaus sensibler als Rehwild. Schon eine unbedachte Bewegung oder ein falsches Angehen mit Rückenwind kann ausreichen, um Rotwild nachhaltig zu vergrämen. Der Jäger sollte bekannte Rotwildwechsel und Ruhebereiche meiden und seine Wege so planen, dass er unauffällig in bzw. an den Stand gelangt. Besonders in den frühen Morgenstunden oder am späten Abend ist ein leiser und gedeckter Pirschgang entscheidend.

ZURÜCKHALTUNG

Ein weiterer Aspekt ist die Anzahl der Blattjagdeinsätze. Während in reinen Rehwildrevieren mehrere Blattstände an einem Tag aufgesucht werden können, sollte im Rotwildrevier Zurückhaltung geübt werden. Jeder Standortwechsel birgt das Risiko einer Störung. Wenige, dafür wohlüberlegte und vorbereitete Ansitze sind zielführender als häufige Wechsel, die das Rotwild unnötig in Bewegung bringen. Von besonderer Bedeutung ist die Rücksicht auf den Lebensrhythmus des Rotwildes. Während der warmen Sommermonate zieht es sich tagsüber tief in seine Einstände zurück. Wird es dort gestört, verlagert es seine Aktivität in die Nacht und verlagert seine Nahrungsaufnahme stärker in den Wald. Dies erhöht die Gefahr von Schäden im Wald. Wer dagegen Ruhezeiten respektiert und den Jagddruck gering hält, ermöglicht es dem Rotwild, weiterhin offene Äsungsflächen zu nutzen. Dadurch werden die Flächen im Wald unter Umständen entlastet.
Abschließend bleibt festzuhalten, dass die Blattjagd im Rotwildrevier nur dann waidgerecht und langfristig erfolgreich durchgeführt werden kann, wenn der Jäger den Lebensraum als Ganzes im Blick behält. Es geht nicht allein um den Rehbock, sondern um ein ausgewogenes Verhältnis zwischen Rehwildbejagung und Rücksichtnahme auf das Rotwild. Wer bereit ist, mit Umsicht, Geduld und Respekt vor dem Wild zu jagen, erzielt nicht nur jagdlichen Erfolg, sondern leistet zugleich einen Beitrag zur Stabilität des Ökosystems und zum Schutz des Waldes.

An warmen Tagen im Sommer zieht sich Rotwild häufig tief in die Einstände zurück.

BLATTJAGD IM ROTWILDREVIER

Ziel: Rehböcke erfolgreich bejagen, ohne das störungsempfindliche Rotwild aus seinen Kernbereichen zu verdrängen. Gleichzeitig soll Schutz gefährdeter Wald- und Kulturbereiche unterstützt werden.

Standortwahl:

- Keine Jagd in Kernzonen, in denen Rotwild tagsüber ruht.
- Äsungsflächen meiden, die Rotwild regelmäßig nutzt.
- Blattstände bevorzugt in Übergangszonen und Randbereichen wählen.
- Gezielte Nutzung von Bereichen, in denen Rotwild nicht erwünscht ist (z. B. Aufforstungen, Kulturen, landwirtschaftliche Flächen).

Pirsch zum Blattjagdstand:

- Wege so wählen, dass Rotwildwechsel und bekannte Ruhebereiche nicht gekreuzt werden.
- Unauffälliger und leiser Anmarsch in den frühen Morgenstunden oder am Abend.
- Auf Geräuschdisziplin achten, jede unnötige Bewegung vermeiden.

Jagdstrategie:

- Anzahl der Ansitze bewusst gering halten.
- Wenige, dafür sorgfältig vorbereitete Standorte bejagen.
- Längere Verweildauer am Stand, Geduld zeigen.
- Verzicht auf häufige Standortwechsel, um großflächige Beunruhigung zu vermeiden.

Rücksicht auf Rotwild:

- Ruhezeiten respektieren, insbesondere an heißen Sommertagen.
- Vermeidung von Störungen in den Einständen, um nächtliche Aktivitätsverlagerung zu verhindern.
- Blattjagd bewusst in Randbereichen ausüben, um das Rotwild nicht von den Äsungsflächen zu vertreiben.

Die Blattjagd im Rotwildrevier erfordert besondere Umsicht. Der Erfolg bemisst sich nicht allein am erlegten Rehbock, sondern auch daran, wie störungsfrei das Rotwild seinen gewohnten Lebensrhythmus beibehalten kann.

AUSBLICK

ZUKUNFT DER BLATTJAGD

Die Blattjagd besitzt für viele Jäger bis heute einen besonderen Stellenwert im jagdlichen Jahresverlauf.

Sie fordert vom Jäger handwerkliche Fertigkeiten, genaue Kenntnis und ein hohes Maß an Einfühlungsvermögen bzgl. des Verhaltens des Rehwilds. In einer Zeit, in der jagdliche Methoden zunehmend technisiert werden und die Effizienz bei der Jagd oft im Vordergrund steht, stellt sich die Frage, welche Rolle die Blattjagd in Zukunft einnehmen wird. Die Entwicklung in den kommenden Jahren hängt stark davon ab, wie die neuen Jägergenerationen ihre Prioritäten setzen. Es ist bereits jetzt zu beobachten, dass sich ein Teil der jungen Jäger bewusst traditionellen Jagdarten zuwendet, um Jagd nicht nur als reines Erlegen, sondern als erlebnisorientiertes, verantwortungsvolles Handwerk zu verstehen. Für diese Jäger ist die Blattjagd eine faszinierende Möglichkeit, Rehwild auf Augenhöhe zu erleben, mit dem Blatter gezielt zu beeinflussen und dabei die gesamte Komplexität dieses Zusammenspiels zu studieren.

Besonderheit bei der Blattjagd: Der Jäger ist häufig mit dem Wild auf Augenhöhe.

Die Blattzeit kann genutzt werden, um in kurzer Zeit große Strecken zu erzielen.

BLATTJAGD ZUR BESTANDSREGULATION

Gleichzeitig gibt es Strömungen, in denen die Jagd auf Rehwild vor allem unter dem Aspekt der Bestandsregulierung gesehen wird. In Revieren bzw. Bereichen mit hohen Wilddichten und erheblichen Verbissschäden in der Forstwirtschaft kann es vorkommen, dass die Blattjagd nicht primär als besonderes Jagderlebnis praktiziert wird, sondern gezielt genutzt wird, um in kurzer Zeit einen höheren Bockabschuss zu erzielen. Die Vorgehensweise unterscheidet sich in diesem Fall deutlich von der klassischen, sorgfältig vorbereiteten Blattjagd, bei der bestätigte Böcke gezielt bejagt werden. Wer die Blattjagd primär als Instrument zur Regulierung des Rehwildbestandes nutzt, verzichtet in der Regel auf eine aufwendige Vorarbeit wie das Bestätigen und Festlegen einzelner Zielböcke. Stattdessen werden vielversprechende Standorte gewählt, an denen die Wahrscheinlichkeit hoch ist, dass Rehböcke oder auch weibliches Wild auf die Fieplaute reagieren.

Die Zukunft der Blattjagd wird sehr wahrscheinlich davon abhängen, ob es gelingt, ein Gleichgewicht zwischen jagdlicher Tradition, waidgerechter Hege und den Anforderungen moderner Wald- und Wildbewirtschaftung zu finden. In Revieren, in denen ein durchdachtes Rehwildmanagement betrieben wird, wird die Blattjagd auch künftig ihren festen Platz haben können. Sie wird dort nicht als Massenmethode, sondern als gezieltes Instrument zur Entnahme ausgewählter Stücke genutzt. Ein wichtiger Faktor für die Zukunft ist auch die jagdliche Ausbildung. Wenn angehende Jägerinnen und Jäger schon in ihrer Ausbildungsphase erleben, wie spannend, reizvoll und selektiv die Blattjagd sein kann, steigt die Wahrscheinlichkeit, dass diese Jagdart auch in

den kommenden Generationen gepflegt wird. Schulungen und praxisnahe Weiterbildungen, die das Wissen um Techniken, Wildbiologie und das richtige Ansprechen fördern, tragen entscheidend dazu bei.
Auch der technologische Fortschritt kann die Blattjagd in gewisser Weise unterstützen. Hochwertige Optiken, moderne Wildkameras oder präzise Wetter- und Windinformationen helfen dem Jäger, seine Chancen zu verbessern, ohne die Grundprinzipien der Jagd zu verändern. Die Herausforderung wird darin bestehen, diese Hilfsmittel sinnvoll zu integrieren, ohne dass die Jagd ihren ursprünglichen Charakter verliert.
Insgesamt lässt sich sagen, dass die Blattjagd eine gute Zukunft haben kann, wenn sie bewusst gepflegt und als das verstanden wird, was sie ist, eine hohe Schule jagdlichen Handwerks, die weit mehr ist als nur eine Möglichkeit, Rehwild zu erlegen. Sie wird auch in den kommenden Jahren jene Jäger begeistern, die das Erlebnis, die Nähe zum Wild und die Herausforderung zu schätzen wissen. Die Entscheidung, ob die Blattjagd weiterhin als wertvolles Kulturgut oder nur noch als effizientes Erntewerkzeug betrachtet wird, liegt letztlich in den Händen der Jäger selbst.

EINSATZ WÄRMEBILD-TECHNIK BEI DER BLATTJAGD

Auch ein so traditionsreiches und altes Handwerk wie die Jagd bleibt nicht von der technischen Entwicklung unberührt. Die Jagd hat sich in vielen Bereichen weiterentwickelt und wird dies auch in Zukunft tun. Um die Jagd zukunftsfähig zu positionieren, sollte man sich dieser Entwicklung nicht verschließen. Gleichzeitig ist es jedoch wichtig, nicht jeden Trend unreflektiert zu übernehmen, sondern stets abzuwägen, ob eine Neuerung dem eigenen jagdlichen Ethos, der Waidgerechtigkeit und den rechtlichen Rahmenbedingungen entspricht.
Die Wärmebildtechnik ist ein gutes Beispiel für eine solche Neuerung. Sie bietet heute Möglichkeiten, die vor wenigen Jahren noch undenkbar waren. Mit ihrer Hilfe lässt sich Wild auch bei schwierigen Sichtverhältnissen oder im dichten Bewuchs sicher erkennen. Richtig eingesetzt, kann diese Technik das Jagderlebnis bereichern und zugleich das Risiko unnötiger Störungen verringern. Falsch oder unverhältnismäßig angewendet, besteht jedoch die Gefahr, dass dem Wild kaum noch eine Chance bleibt, sich dem Jäger zu entziehen. Wie bei vielen anderen Werkzeugen auch entscheidet nicht die Technik selbst über ihre jagdethische Qualität, sondern der Anwender. Die Wärmebildtechnik ist in dieser Hinsicht vergleichbar mit einem Küchenmesser: Zum Schneiden

Moderne Technik macht auch vor traditionsreichen Bereichen wie der Blattjagd keinen Halt.

von Gemüse ist es ein nützliches Werkzeug, zum Zufügen von Schaden jedoch ein gefährliches Mittel. Der moralische Wert liegt nicht im Gegenstand, sondern im verantwortungsvollen Gebrauch.
Ein waidgerechter Einsatz der Wärmebildtechnik bei der Blattjagd besteht zum Beispiel darin, sie beim Angehen des Standes einzusetzen. Besonders in den frühen Morgenstunden, in der Mittagspause oder gegen Abend kann ein kurzer Blick mit dem Wärmebildgerät helfen, unnötige Störungen zu vermeiden. Wer vor Betreten einer Fläche überprüft, ob sich dort Wild aufhält, verhindert, dass Stücke durch das Angehen leichtfertig vertrampelt werden. Dies gilt nicht nur für Rehwild, sondern auch für andere Wildarten wie Rotwild, welches sich unbemerkt im Bestand aufhalten könnte.
Ein weiterer sinnvoller Anwendungsbereich ist die Kontrolle der Umgebung vor dem Beginn des Blattens. Mit der Wärmebildtechnik lässt sich feststellen, ob sich bereits ein Bock im Einstand oder in unmittelbarer Nähe befindet. So kann entsprechend reagiert werden. Ebenso kann man nach einer erfolglosen Blattarie die Umgebung noch einmal kontrollieren, um sicherzugehen, dass sich kein Wild in der Nähe befindet, welches durch das Abbaumen des Jägers gestört werden könnte, wenn dieser den Blattjagdstand wechseln möchte. Auch beim Auffinden von erlegtem Wild kann Wärmebildtechnik gute Dienste leisten. In dichtem Bewuchs oder bei hohen Temperaturen, wenn Wild schnell verhitzt und durch Fliegen belagert wird, ist es von Vorteil, das Stück zügig zu finden, um es sofort zu bergen und zu versorgen.
Dabei muss jedoch klar sein, dass Wärmebildtechnik niemals den gut ausgebildeten Jagdgebrauchshund ersetzen kann. Sie ist

Wärmebildtechnik kann bei der Blattjagd genutzt werden, um sensible Bereiche im Revier vor dem Betreten abzuglasen.

nur ein zusätzliches Hilfsmittel, das unterstützend eingesetzt werden kann. Auf den Hund sollte man sich in solchen Situationen weiterhin in erster Linie verlassen, da er unter vielen Bedingungen zuverlässiger arbeitet als jedes technische Gerät.
Zusammengefasst bietet die Wärmebildtechnik bei verantwortungsvollem Einsatz eine wertvolle Unterstützung für die Blattjagd. Sie kann helfen, Störungen zu vermeiden, erlegtes Wild schneller zu bergen und das Jagderlebnis insgesamt zu verbessern. Entscheidend ist jedoch, dass sie als Hilfsmittel verstanden wird und nicht als Instrument, welches jede jagdliche Herausforderung auf Kosten der Waidgerechtigkeit ausschaltet. Wer sie mit Bedacht nutzt, verbindet Tradition mit moderner Technik und wahrt dabei die Grundprinzipien einer fairen Jagd.

WALD-WILD-KONFLIKT

Der Begriff Wald-Wild-Konflikt wird in der jagdlichen und forstwirtschaftlichen Diskussion häufig verwendet, doch bei genauer Betrachtung ist er nicht immer präzise gewählt. Betrachtet man die Natur ohne menschlichen Einfluss, so gibt es keinen echten Konflikt zwischen Wald und Wild. Beide existieren seit Jahrtausenden in einem natürlichen Gleichgewicht. Probleme entstehen erst dann, wenn der Mensch in diese Balance eingreift, etwa durch großflächige Monokulturen, intensive forstwirtschaftliche Nutzung oder eine drastische Veränderung der Lebensräume. In solchen Fällen ist es weniger ein Konflikt zwischen Wald und Wild, sondern vielmehr ein Wirtschaftswald-Wild-Konflikt oder sogar ein Mensch-Wild-Konflikt.

Der Wald-Wild-Konflikt entsteht deshalb, weil wir Menschen finanzielle Ziele in der Forstwirtschaft haben.

Die natürliche Vegetation diente seit jeher als Nahrungsgrundlage für wildlebende Tiere.

Der sogenannte Wald-Wild-Konflikt wird häufig daran festgemacht, dass Rehwild durch seinen Verbiss den Aufwuchs junger Bäume behindert oder beschädigt. Dies tritt vor allem dann auf, wenn der Lebensraum des Rehwildes stark eingeschränkt ist oder wenn das Nahrungsangebot im Winter nicht ausreicht. Das Rehwild handelt dabei jedoch nicht aus Zerstörungsabsicht, sondern aus seinem natürlichen Überlebensinstinkt heraus. Problematisch wird es vor allem in Wirtschaftswäldern, in denen bestimmte Baumarten bevorzugt und in hoher Dichte gepflanzt werden, die gleichzeitig besonders verbissempfindlich sind. In einem artenreichen, naturnahen Mischwald verteilt sich der Verbiss hingegen gleichmäßiger, und die Natur kann diese Einwirkungen meist problemlos ausgleichen.

ES KOMMT NICHT AUF DIE ZAHL AN

Häufig wird in diesem Zusammenhang von überhöhten Rehwildbeständen gesprochen. Dabei wird jedoch übersehen, dass die reine Anzahl der Rehe nicht zwingend ausschlaggebend für den Umfang der Verbissschäden ist. Entscheidend ist vielmehr die räumliche und zeitliche Konzentration des Verbisses. Im Kern spielt es keine Rolle, ob zehn Rehe an einem einzigen Tag die Naturverjüngung einer Fläche zerstören oder ob ein einziges Reh über einen Zeitraum von hundert Tagen den gleichen Schaden verursacht. Dieser Zusammenhang wird auch in wildökologischen Untersuchungen betont, in denen nicht allein die Dichte des Rehwildes, sondern vor allem dessen Raum-Zeit-Nutzung als maßgeblicher Faktor für den Verbiss herausgestellt wird. Es ist also weniger eine Frage der bloßen Bestandsgröße, sondern vielmehr der Verteilung und des Verhaltens des Rehwildes. Dies erfordert eine sorgfältige Beobachtung der Revierverhältnisse über mehrere Jahre hinweg, da sich Veränderungen im Verbissbild oft erst zeitverzögert bemerkbar machen.

Für die Blattjagd hat diese Thematik mehrere Aspekte. Zum einen ist die Blattjagd eine Jagdart, die sich sehr gezielt auf den Rehbock konzentriert. Durch die selektive Entnahme einzelner Böcke kann zwar der Verbissdruck auf den Wald nicht in gleichem Maße reduziert werden wie durch eine in-

tensive Bejagung des weiblichen Wildes und des Nachwuchses, Fegeschäden allerdings können sehr wohl reduziert werden.
Ein verstärkter Abschuss von Rehböcken kann durchaus Einfluss auf das Ausmaß der Fegeschäden im Revier haben, wenngleich dieser Zusammenhang komplex ist und von mehreren Faktoren abhängt. Durch die Reduktion des Bockbestandes sinkt logischerweise deren Anzahl. Dies kann lokal zu einer spürbaren Entlastung junger Kulturen führen, insbesondere in Bereichen mit ohnehin hoher Verbissbelastung. Gleichzeitig verändert sich durch eine Bestandsreduktion häufig das räumliche Verhalten der verbleibenden Böcke, da sie größere Territorien übernehmen können und weniger Konkurrenzdruck herrscht. Dieser Effekt kann dazu führen, dass einzelne Flächen länger ungenutzt bleiben und so die Vegetation Zeit erhält, sich zu regenerieren. Dennoch muss bedacht werden, dass der Einfluss des Rehbockabschusses auf Fegeschäden nicht isoliert betrachtet werden kann, sondern immer im Zusammenspiel mit der Gesamtpopulation und den Standortbedingungen steht.

BLATTJAGD IST EFFEKTIV

Ein generell wichtiger Vorteil der Blattjagd im Zusammenhang mit dem Wald-Wild-Konflikt liegt in ihrer Effizienz. Während der Blattzeit ist das Rehwild besonders aktiv und die Böcke lassen sich gut locken. Das ermöglicht es, gezielt Böcke zu entnehmen, die man im Vorfeld bestätigt hat. So kann die Jagd mit einem vergleichsweise geringen Störungsgrad durchgeführt werden, da nicht wahllos große Flächen abgesucht werden müssen. Diese ruhige und punktuelle Jagdweise trägt dazu bei, dass das Revier nicht unnötig beunruhigt wird und das übrige Wild in seiner natürlichen Raumnutzung weitgehend ungestört bleibt. Darüber hinaus kann die Blattjagd auch strategisch eingesetzt werden, um den Bestand an Rehwild langfristig zu regulieren. In Revieren, in denen die Verbissschäden überdurchschnittlich hoch sind, kann die Blattjagd genutzt werden, um gezielt auch Böcke in stark verbissbelasteten Bereichen zu entnehmen. Dadurch wird der Fortpflanzungsdruck in diesen Teilbereichen gesenkt, was mittel- bis langfristig zu einer Reduktion des Wildbestandes beitragen kann.

Wie viel Verbiss in einem Revier vorkommt, hängt nicht ausschließlich von der Wilddichte ab.

Werden einzelne Rehböcke entnommen, können dadurch Fegeschäden reduziert werden.

Am wirkungsvollsten ist es, Rehwild dort zu bejagen, wo es potenziell Schäden verursachen kann. Dies gilt insbesondere im Wald an Flächen mit Naturverjüngung oder in jungen Kulturen, in denen die Bäume noch empfindlich auf Verbiss reagieren. Wissenschaftliche Untersuchungen belegen, dass der räumliche Bezug zwischen Aufenthaltsort des Wildes und der Lage gefährdeter Vegetationsbereiche ein entscheidender Faktor für die Höhe des Schadens ist. Aus diesem Grund ist es meist deutlich sinnvoller, den Ansitz gezielt auf eine solche Verjüngungsfläche oder Kultur zu verlegen, anstatt an einer Äsungsfläche zu jagen, an der das Rehwild keinen Schaden anrichtet, sondern seiner natürlichen Nahrungsaufnahme nachgehen soll. Indem die Jagdaktivität in diesen sensiblen Bereichen konzentriert wird, lässt sich der Einfluss auf die Entwicklung der jungen Bäume spürbar reduzieren. Auch aus jagdpraktischer Sicht bietet dieses Vorgehen Vorteile, da das Wild hier mit höherer Wahrscheinlichkeit regelmäßig auftritt und dadurch ein effektives Jagen erleichtert wird. In einer ganzheitlichen Bewirtschaftungsstrategie ist diese Form der räumlich angepassten Jagd ein wirksames Mittel, um den Verbissdruck nachhaltig zu mindern, ohne den gesamten Bestand unnötig stark zu reduzieren.

Insgesamt kann die Blattjagd bei einer klugen Einbindung in ein ganzheitliches Rehwildmanagement ein wertvolles Instrument sein, um Spannungen zwischen forstwirtschaftlichen Interessen und den natürlichen Bedürfnissen des Rehwildes zu entschärfen. Sie ersetzt jedoch nicht andere notwendige jagdliche Maßnahmen, wie etwa die gezielte Bejagung des weiblichen Wildes oder eine angepasste Jagdstrategie über das gesamte Jahr hinweg. Vielmehr ist sie ein Baustein in einem größeren Konzept, das sowohl die Belange des Waldes als auch die des Wildes berücksichtigt. Die eigentliche Herausforderung besteht also nicht darin, Wald und Wild in Einklang zu bringen, sondern darin, menschliche Nutzungsansprüche und den Lebensraum des Wildes so zu gestalten, dass beide dauerhaft miteinander bestehen können.

Bei der Blattjagd kann ganz gezielt auf im Vorfeld bestätigte Böcke gejagt werden.

ÜBER DEN AUTOR

Daniel M. Bastian ist Berufsjäger, Revierjagdmeister und Gründer der Jagd- und Naturschule OUTKEEN. In seinem Jagdbetrieb im Herzen der Eifel verbindet er tägliche Praxis mit Weitblick und Gespür für das Wesentliche. Sein Anspruch ist es, Wald und Feld mit einem angepassten, vitalen Wildbestand in Einklang zu bringen – im Einklang mit den berechtigten Interessen der Grundeigentümer und der Freude an einer verantwortungsvoll ausgeübten Jagd. Nur wenn all diese Aspekte miteinander harmonieren, kann Jagd als das betrachtet werden, was sie sein soll, ein wertvoller Teil unserer Kulturlandschaft und ein sinnstiftendes Handwerk.

Der Autor steht für eine Jagd, die Lebensräume stärkt, Wildbestände gesund erhält und Störungen vermeidet, wo immer es möglich ist. Grundlage seines Handelns ist der Respekt vor dem Wild und dessen Lebensraum. Mit der am Nürburgring gelegenen Jagdschule OUTKEEN hat Daniel Bastian eine Ausbildungsstätte geschaffen, die für Tiefgang, Praxisnähe und Qualität steht. OUTKEEN bildet keine bloßen Jagdscheininhaber aus, sondern Jägerinnen und Jäger mit Herz und Sachverstand. Durch moderne, ortsunabhängige Lehrmethoden können Jagdscheinanwärter von überall live und interaktiv am Unterricht teilnehmen, stets fachlich betreut durch den Berufsjäger und sein Team.

Darüber hinaus bietet er mit OUTKEEN eine bundesweit gefragte Revierberatung an. Ob erfahrener Pächter oder engagierter Jungjäger, ein professioneller Blick von außen eröffnet häufig neue Perspektiven und hilft jagdpraktische Entscheidungen zu optimieren. Bereits während seiner Berufsjägerausbildung entdeckte Daniel Bastian seine besondere Leidenschaft für die Blattjagd. Die planbare Lockjagd auf den Rehbock, hat ihn seither nicht mehr losgelassen. Diese Erfahrung prägt sein jagdliches Denken bis heute und ist ihm zugleich Auftrag, das Wissen um die professionelle Blattjagd weiterzugeben, damit auch andere Jägerinnen und Jäger diese besondere Jagdart entsprechend erleben und meistern können.

OUTKEEN
LEIDENSCHAFT.
DRAUSSEN.
ERLEBEN.
Daniel M. Bastian
REVIERJAGDMEISTER
MEISTERBETRIEB
BERUFSJÄGERGEFÜHRTE
JAGDSCHULE
JÄGERAUSBILDUNG:
Gruppen- oder Einzelunterricht.
Am Unterricht kann von überall
auch online teilgenommen werden.
JÄGERWEITERBILDUNG
Revierberatung und
Workshops für Jäger.
OUTKEEN GMBH & CO. KG
JAGDSCHULE
Am Markt 4 | 53539 Kelberg
Telefon: 0170 - 93 404 16
mail@outkeen.de
www.outkeen.de

DANKSAGUNG

Mein aufrichtiger Dank gilt meiner lieben Kathy. Sie steht an meiner Seite, in all den Momenten, in denen Beruf, Verantwortung und Selbstständigkeit mehr fordern, als der Tag Stunden hat. Sie hält mir den Rücken frei, wenn Arbeit, Revier und Projekte mich voll und ganz beanspruchen, und sie gibt mir den Raum, meine Leidenschaft zu leben. Mit ihrem Vertrauen, ihrer Geduld und ihrer Unterstützung trägt sie einen großen Teil dessen, was OUTKEEN und meine Arbeit als Berufsjäger ausmacht. Sie ist es, die Verständnis zeigt, wenn Termine sich überschneiden, wenn Pläne sich ändern und wenn das Jagrevier unseren Tagesablauf bestimmt. Ohne sie wäre vieles nicht möglich und manches nicht einmal denkbar. Für all das und für die Gewissheit, dass sie immer da ist, wenn's drauf ankommt, danke ich ihr von Herzen.

REGISTER

BILDNACHWEIS

Mit 155 Farbfotos von AdobeStock/WildMedia (5) S. 6, 18–19, 21 o., 92, 102, /Monikasurzin 8–9, /Rudi REINER 10, /Karl 12, /Karin Jähne 17 o., /David 17 u., /Vaclav 20, Branislav (2) 21 u., 35, /czjonyyy 23 r., /funkenzauber 26, /Erik Mandre 27, /DoreenB. Photography (3) 28 o., 36 l., 72, /mirkograul 32, /Andrej 34, /Grzegorz 36, /Karel 39, /Zakaria Laperashvili 40 u., / Klaus (3) 41, 80 u., 90, /bm_photo 49 o., /Sanja 51 o., /pigmentum 53 o., /alexugalek 66, / DZiegler 71, /Vlastimil Šesták 73 o., /predragl 73 u., /lzf 76 o., /pawle 77r., /Photohunter 81, / Renate Promitzer 84 o., /Sebastian 93 o., /Pixelmixel 94 o., /TRFilm 96, /alexanderoberst 106 u., /lemanieh 112, /Eric Isselée 113 o., /MATTHEW 113 u., /Maksim 114 o., /Croato 117 o., /stefano 117 u., /Bernd Schmidt 118 o., /szczepank (2) 118 u., 119, /bobby13 (2) 120 beide, / Mr.Stock 132, /creativenature.nl 134, /Peter Binó 137; Daniel Bastian (70): 4–5, 7, 11 beide, 13 u., 14, 15, 16, 22, 23 l., 25, 28 u., 31, 33, 38, 40 o., 42–43, 44, 45, 46 r., 47, 48, 49 u., 50, 53 u., 54, 55, 56, 57 o., 59, 61, 62 beide, 63, 64, 65, 68, 69, 74, 75 o., 76 u., 77 l., 78, 84 u., 85, 86, 87, 91, 94 u., 100, 101 beide, 105, 106 o., 108, 109, 110, 111, 114 u., 115, 121, 122, 123, 124, 126–127, 128, 130, 133, 136, 138, 140; Markus Lück (7) 37, 51 u., 52, 58, 80 o., 95, 135; David Meier 129; Eike Mross: (6) 60, 67, 97, 98, 99, 131; Frank Rakow 57 u.; Michael Stadtfeld (8) 13 o., 30, 46 l., 88–89, 93 u., 103 beide, 107; Karl-Heinz Volkmar (2) 75 u., 116.

IMPRESSUM

Umschlaggestaltung von Büro Jorge Schmidt unter Verwendung eines Farbfotos von Daniel Bastian.

Mit 156 Farbfotos.

Alle Angaben in diesem Buch erfolgen nach bestem Wissen und Gewissen. Sorgfalt bei der Umsetzung ist indes dennoch geboten. Der Verlag und der Autor übernehmen keinerlei Haftung für Personen-, Sach- oder Vermögensschäden, die aus der Anwendung der vorgestellten Materialien, Methoden oder Informationen entstehen könnten.

Unser gesamtes Programm finden Sie unter **kosmos.de**.
Über Neuigkeiten informieren Sie regelmäßig unsere
Newsletter, einfach anmelden unter **kosmos.de/newsletter**.

Gedruckt auf chlorfrei gebleichtem Papier

ISBN 978-3-440-18034-1
Projektleitung und Redaktion: Markus Lück
Gestaltungskonzept: Peter Schmidt Group GmbH, Hamburg
Gestaltung und Satz: typopoint GbR, Ostfildern
Produktion: Vanessa Frömmig
Druck und Bindung: Westermann Druck, Zwickau
Printed in Germany / Imprimé en Allemagne

FSC www.fsc.org MIX Papier | Fördert gute Waldnutzung FSC® C110508